BERT PEGEL

Empirische Modellbildung und Versuchsplanung

Lektorat Physik

BEITRÄGE ZUR FORSCHUNGSTECHNOLOGIE

Schriftenreihe für Experimentalmethodik, Systemanalyse und Instrumentierung in der naturwissenschaftlichen, medizinischen und technischen Forschung

Herausgegeben vom Vizepräsidenten für Forschung und Planung der Akademie der Wissenschaften der DDR im Zusammenwirken mit der Ständigen Expertenkommission Forschungstechnologie

HEFT 7

Akademie der Wissenschaften der DDR, Ständige Expertenkommission Forschungstechnologie beim Vizepräsidenten für Forschung und Planung,
1199 Berlin-Adlershof, Rudower Chaussee 5, Haus 12.1
(Zentrale Arbeitsgruppe Forschungstechnologie)

Bert Pegel

Empirische Modellbildung und Versuchsplanung

Mit 5 Abbildungen

AKADEMIE-VERLAG BERLIN 1980

Anschrift des Autors:
Dr. rer. nat. habil. Bert Pegel
Akademie der Wissenschaften der DDR,
Zentralinstitut für Festkörperphysik und Werkstofforschung
DDR-8027 Dresden, Helmholtzstraße 20

Manuskriptabschluß: 20. März 1979

Erschienen im Akademie-Verlag, DDR-108 Berlin, Leipziger Str. 3—4

Lizenznummer: 202 · 100/438/80
Gesamtherstellung: VEB Druckerei „Thomas Müntzer", 582 Bad Langensalza
Einbandgestaltung: Rolf Kunze
Bestellnummer: 762 794 3 (2167/7) · LSV 1075
Printed in GDR
DDR 9,50 M

Inhalt

Contents

Содержание

1. Einleitung

1.1. Rationalisierung der Forschung durch statistische Versuchsplanung

Die Anwendung mathematisch-statistischer Methoden bei der *Planung* und *Auswertung* von Experimenten ist ein wichtiges Hilfsmittel zur Effektivitätssteigerung der experimentellen Forschung in Naturwissenschaft und Technik. Die „statistische Versuchsplanung", wie das Arbeitsgebiet heute meist kurz genannt wird, ermöglicht auf exaktem Wege die Minimierung des experimentellen Aufwandes bei der Ermittlung empirischer Zusammenhänge bzw. die Erlangung maximaler Information bei vorgegebenem Aufwand. Die Zuverlässigkeit der Ergebnisse läßt sich dabei mit einer wählbaren statistischen Sicherheit angeben. Darüber hinaus gestattet die Versuchsplanung, Wechselwirkungen zwischen mehreren Einflußgrößen aufzudecken, die bei klassischer Versuchsführung, also bei isolierter Betrachtung jeder Einflußgröße verborgen bleiben. Schließlich liefert die kompakte Darstellung experimenteller Ergebnisse durch ein mathematisches Modell des Wirkungszusammenhanges von Einfluß- und Zielgrößen (auch bei nichtoptimalen Versuchsplänen) im Falle mehrerer Einflußgrößen überhaupt erst eine umfassende Übersicht über das Systemverhalten und ermöglicht damit die Handhabung komplexer Wirkungszusammenhänge im Hinblick auf praktische Zielstellungen (wie z. B. Systemoptimierung) und heuristische Ideenfindung.

Die statistische Versuchsplanung wird gegenwärtig vorzugsweise bei der Bearbeitung technologischer Fragestellungen und im Vorfeld der Technologie angewendet. Das bedeutet aber nicht, daß sie für Grundlagenuntersuchungen nicht brauchbar sei. Allerdings erfordert sie vom Experimentator eine schärfere Präzisierung seiner Zielstellung mit höherem Abstraktionsgrad sowie die Einarbeitung in die statistischen Planungs- und Auswerteprinzipien. Daraus resultieren gelegentlich Vorbehalte gegen die Methode auch dort, wo die objektiven Voraussetzungen für ihre Anwendung günstig sind.

Im Sinne des Titels dieser Reihe will diese Arbeit selbst ein *praktischer* Beitrag zur Forschungstechnologie sein. Im Wechselspiel zwischen methodischem und Erkenntnisfortschritt liegen gerade im Bereich der geistigen Methodik (der Denkansätze und -modelle) noch weitgehend ungenutzte Reserven, deren Aktivierung noch bei weitem nicht so intensiv betrieben wird wie etwa die Beschaffung von Forschungsgeräten.

Während in manchen Bereichen (Agrobiologie, chemische Technologie) die „neuen" Denkweisen längst Eingang gefunden haben, fangen sie in anderen Bereichen experimenteller Forschung gerade an aktuell zu werden. Die breite Durchsetzung der statistischen Versuchsplanung in der Forschungspraxis erfordert daher sicherlich Darstellungen verschiedenen Stils und Schwierigkeitsgrades sowie auch verschiedener Akzentuierung. Diese Arbeit wendet sich hauptsächlich an Physiker.

1.2. Grundgedanken der statistischen Versuchsplanung

Der experimentellen Ermittlung der Wirkung von R verschiedenen *Einflußgrößen* $x^1, x^2, \ldots x^R$ auf eine *Zielgröße* z können logisch etwa folgende Erkenntnissituationen zugrunde liegen:

a) der funktionelle Zusammenhang $z = F(x^1, x^2, \ldots x^R)$ ist bis auf einige Parameter bekannt, die durch das Experiment bestimmt werden sollen.
b) Es liegen mehrere (etwa r verschiedene) theoretische Modelle (wissenschaftliche Hypothesen) $z = F_i(x^1 \ldots x^R)$, $i = 1, 2, \ldots r$ mit evtl. unbekannten Parametern vor. Es ist experimentell zu entscheiden, welches Modell die Zusammenhänge am besten darstellt.
c) Der funktionelle Zusammenhang ist seiner allgemeinen mathematischen Struktur nach unbekannt. Es wird ein mathematisches Modell gesucht, das den empirischen Sachverhalt hinreichend gut beschreibt. Wenn wir voraussetzen, daß ein solcher Zusammenhang überhaupt existiert, nehmen wir bereits ein verborgenes Kausalgefüge an, das allerdings durch das Experiment nicht direkt aufgeklärt wird.

Im allgemeinen ist durch sachlich vorgegebene Variationsbereiche der Einflußgrößen ein *Experimentiergebiet* oder *Testraum* festgelegt, in dem der Wirkungszusammenhang, die sogenannte *Wirkungsfläche,* zu untersuchen ist. Jede Wertekombination von Einflußgrößen kann geometrisch als ein Punkt in diesem Testraum vorgestellt werden und heißt kurz *Versuchspunkt* oder *Testpunkt.* In Abbildung 1 sind diese Begriffe an ein- und zweidimensionalen Beispielen veranschaulicht. Bei R = 1 ist das geometrische Bild der „Wirkungsfläche" eine Kurve, bei R = 2 eine Fläche im 3-dimensionalen Raum. Bei $R > 2$ ist die Wirkungsfläche eine Hyperfläche in einem (R+1)-dimensionalen Raum, die man sich zwar nicht mehr als Ganzes veranschaulichen kann, deren Eigenschaften (z. B. Maxima, Minima, Sattelpunkte) aber doch aus ihrer mathematischen Form ablesbar sind.

Die allgemeine Aufgabe der Versuchsplanung besteht darin, das Experimentiergebiet optimal mit Versuchspunkten zu besetzen, wobei die prinzipielle „Einstellbarkeit" oder Realisierung beliebiger Versuchspunkte zunächst

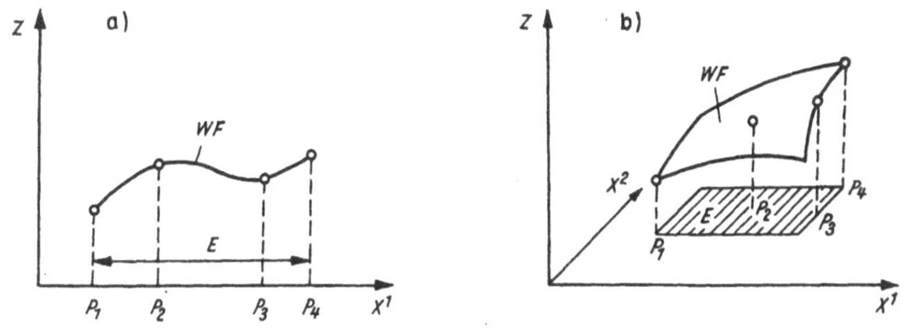

Abb. 1. Experimentiergebiet E, Wirkungsfläche WF und Versuchspunkte P_1 bis P_4 bei
a) einer Einflußgröße
b) zwei Einflußgrößen

vorausgesetzt werde. Als Optimalitätskriterien kommen dabei etwa in Frage:

- möglichst geringe Zahl von Experimenten,
- maximaler nutzbarer Informationsgewinn,
- maximale Empfindlichkeit bei der Modelldiskriminierung,
- statistische Unabhängigkeit von Parameterschätzungen im Interesse einer leichteren inhaltlichen Interpretation der Wirkungsfläche,
- weitgehender Ausschluß unkontrollierbarer Störeinflüsse,
- geringer Rechenaufwand.

Alle solchen Kriterien hängen, wie später ersichtlich wird, in gewisser Weise zusammen und müssen für jede konkrete Situation mathematisch formuliert werden, um einen Planungsalgorithmus zu ergeben.

Ist z. B. die Steigung b einer Geraden $z = a + bx$ im Experimentiergebiet $0 \leqslant x \leqslant x_{max}$ mit zwei Experimenten möglichst genau zu bestimmen, so ist bei Betrachtung von Abbildung 2 anschaulich sofort evident, daß die Versuchspunkte x_1 und x_2 maximale Entfernung voneinander haben müssen, damit die durch die statistischen Unsicherheiten der entsprechenden Meßwerte z_1 und z_2 bedingte Unsicherheit der Steigung minimal wird. Der „Versuchsplan" wäre also: $x_1 = 0$, $x_2 = x_{max}$. Ein dritter Versuchspunkt x_3 wäre als $x_3 = 0$ oder $x_3 = x_{max}$ zu wählen, weil damit der die Unsicherheit der Steigung bedingende Versuchsfehler in einem der Versuchspunkte reduziert wird. Mit anderen Worten: ein zusätzliches Experiment ist als Wiederholung anzulegen. Von den hinsichtlich der Bestimmung von b gleichberechtigten Möglichkeiten $x_3 = 0$ und $x_3 = x_{max}$ ist die erstere vorzuziehen, weil damit zugleich der Parameter a (Schnittpunkt der Geraden mit der z-Achse)

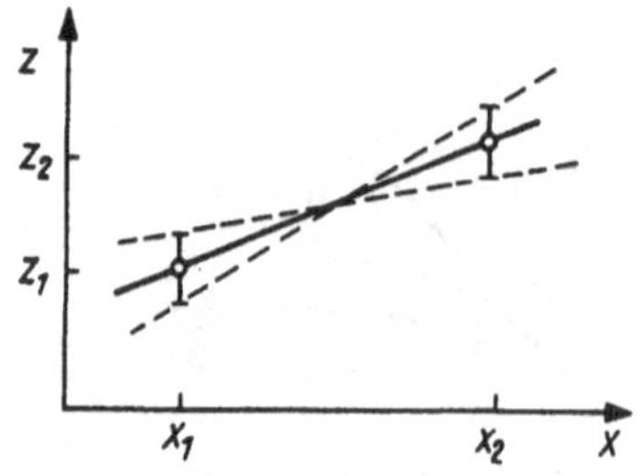

Abb. 2. Zur experimentellen Bestimmung der Steigerung einer Geraden

genauer bestimmt wird. Diese Überlegungen können falsch werden, wenn die Unsicherheit der Größe z, beschrieben etwa durch eine Standardabweichung σ, von der Koordinate x abhängt: $\sigma = \sigma(x)$. In diesem Falle bestimmen sich die beiden optimalen Versuchspunkte des Minimalplanes aus der Bedingung $(\sigma^2(x_1) + \sigma^2(x_2)) / (x_1 - x_2)^2 \rightarrow$ Minimum, die für $\sigma(x_1) = \sigma(x_2) = \text{const}$ wieder auf die Forderung $|x_1 - x_2| \rightarrow$ Max. führt. Diese Bedingung ist nun schon ein Ergebnis der mathematischen Versuchsplanung. Wenn beispielsweise $\sigma(x) \sim 1/x$ gilt, sind offensichtlich kleine Werte von x zu vermeiden und auf jeden Fall ein Versuchspunkt als $x_1 = x_{max}$ zu wählen. Der zweite Versuchspunkt ergibt sich qualitativ aus dem Kompromiß zwischen der Forderung maximalen Abstandes zu x_1 und möglichst geringer Unsicherheit $\sigma(x_2)$. Die Lösung ist $x_2 = 0{,}453\ x_{max}$. Quantitative Aussagen dieser Art setzen aber schon ein „stochastisches Modell" für die Größe z voraus (s. Abschnitt 3.1.).

Als zweites Beispiel für die Ermittlung von Versuchspunkten im Testraum $0 \leq x \leq x_{max}$ betrachten wir zwei „Theorien":

Modell I: $z = ax$,
Modell II: $z = ax + bx^2$

mit unbekannten Parametern a und b. Die Aufgabe bestehe in der Diskrimination beider Modelle mit einem minimalen Versuchsplan. Da Modell I als Spezialfall von Modell II erscheint, können wir etwa so argumentieren: Wir prüfen im Rahmen des Modells II die Hypothese $b = 0$. Muß diese Hypothese aufgrund der durchzuführenden Versuche verworfen werden, so wird Modell II akzeptiert, andernfalls (d. h. wenn die Experimente mit der Hypothese verträglich sind) soll Modell I akzeptiert werden. Zur möglichst scharfen Prüfung der Hypothese ist offenbar der Parameter b möglichst sicher zu ermitteln. Anschaulich ist klar, daß lineare und parabolische Kurvenverläufe um so leichter unterschieden werden können, je größer der Variationsbereich der unabhängigen Variablen ist (bei konstanter Meßunsicherheit σ). Daher werden wir als ersten Versuchspunkt $x_1 = x_{max}$ wählen. Aus der grafischen Veranschaulichung der Situation in Abbildung 3 geht hervor, daß die möglichen Differenzen der z-Werte der Modelle I und II bei $x \approx (1/2)x_{max}$ groß werden müssen. Im Interesse einer scharfen Modelldiskrimination müßte der zweite Versuchspunkt etwa in diese Gegend gelegt werden. (Die exakte Lösung ist $x_2 = 0{,}453x_{max}$.)

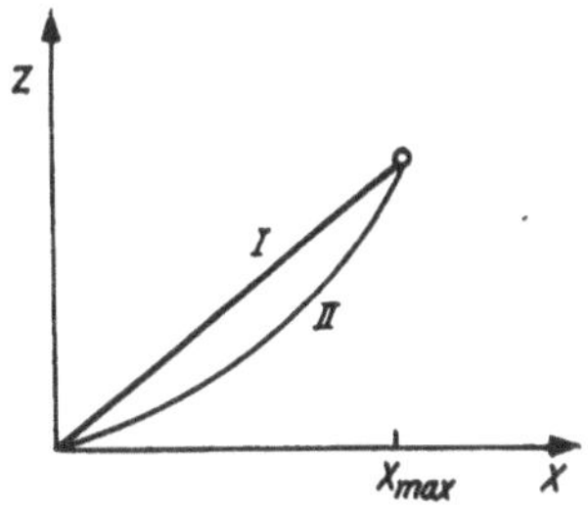

Abb. 3. Zur Diskrimination linearer und parabolischer Funktionen

Die in diesen einfachen, eindimensionalen Beispielen relativ trivial erscheinenden Überlegungen bekommen ihre eminent praktische Bedeutung erst bei der Übertragung auf den Fall mehrerer bzw. vieler unabhängiger Variabler. Mit wachsender Anzahl dieser Variabler nimmt der Rationalisierungseffekt durch optimale Besetzung des Experimentiergebietes stark zu. In Abschnitt 3.2. wird, nachdem einige theoretische Grundlagen beschrieben wurden, ein weiteres Beispiel mit 3 unabhängigen Variablen oder „Einflußgrößen" diskutiert.

Es ist klar, daß die Auswahl optimaler Versuchspunkte (außer vom verwendeten Optimalitätskriterium) von der mathematischen Struktur der Beziehung $z = F(x^1, x^2, \ldots x^R)$ abhängen muß. Damit scheint sich der Fall c) zunächst versuchsplanenden Überlegungen zu entziehen. Er ist jedoch im Fall b) enthalten, wenn die zu vergleichenden Modelle F_i als heuristische Ansätze aufgefaßt werden. Optimalität würde dann den Sinn bekommen, bei vorgegebenem Risiko mit minimalem experimentellem Aufwand unzutreffende Modellansätze verwerfen zu können. Die allgemeine Vorgehensweise wird in Abschnitt 4 genauer beschrieben.

Der Fall c) ist der in der Praxis der technologisch orientierten Grundlagenforschung vielleicht am häufigsten auftretende Fall, der auch den inhaltlichen Schwerpunkt dieser Arbeit darstellt: *die experimentelle Ermittlung von Wirkungszusammenhängen in komplexen, theoretisch unzureichend durchdrungenen Forschungsgebieten.* In Anbetracht der Übersichtsarbeit von G. Härtler in dieser Reihe [1] und der inzwischen in DDR-Verlagen erschienenen Literatur [2–5] zur statistischen Versuchsplanung wird dabei auf eine umfassendere Darstellung des Gesamtgebietes zugunsten einer genaueren Darlegung derjenigen Aspekte, die bei einer auf technische Anwendungen zielenden Grundlagenforschung praktisch wichtig sind, verzichtet. Insbesondere konnte auch auf die Methoden zur (einmaligen) empirischen Ermittlung der Wertekombinationen kontrollierbarer Einflußgrößen, die ein Extremum der Zielgröße liefern (Gradientenverfahren, Simplexmethode), aber keine allgemeinen Einsichten in die Struktur der Wirkungsfläche gestatten, nicht eingegangen werden. Gerade bei Forschungen im Vorfeld der Technologie kommt es auf eine breiter angelegte Übersicht der Wirkungszusammenhänge an.

Nach einer Analyse der allgemeinen Aufgabenstellung und der Schilderung eines konkreten Falles aus der Forschungspraxis in Abschnitt 2 werden in Abschnitt 3 die theoretischen Grundlagen beschrieben. Dabei wird das vielseitig verwendbare Regressionskonzept in den Mittelpunkt gestellt und das in den unbekannten Parametern lineare Regressionsmodell zugrunde gelegt. Die Darstellung dieses Teils ist notwendig relativ abstrakt. Grundkenntnisse der mathematischen Statistik und Wahrscheinlichkeitstheorie sowie der Matrizenrechnung werden vorausgesetzt. Abschnitt 4 enthält dagegen im wesentlichen anwendungsbereite Programme, deren Nutzung auch ohne tiefergehendes Verständnis der Theorie möglich ist und lediglich Abschnitt 3.2. voraussetzt. Die Beschränkung des „Rezeptteiles" auf hyperkubische Experimentiergebiete und polynomale Wirkungsflächen bis zum Grade 2 wird durch die dominante Häufigkeit dieser Fälle in der Praxis gerechtfertigt. Das zusammenfassende Beispiel in Abschnitt 5 soll die allgemeine Vorgehensweise bei der Versuchsplanung und -auswertung gleichsam noch einmal konkret rechnend zusammenhängend vor Augen führen. Der Anhang enthält einige weiterführende, für die Praxis der Versuchsauswertung zuweilen wichtige Methoden.

Die vorliegende Arbeit ist die überarbeitete Fassung einer für den praktischen Gebrauch im Zentralinstitut für Festkörperphysik und Werkstoffforschung bestimmten Ausarbeitung „Empirische Ermittlung unbekannter Zusammenhänge in der Werkstofforschung". Ihrem anwendungsorientierten Charakter entsprechend wird auf Literaturverweise weitgehend verzichtet.

Den Mitgliedern der zeitweiligen Arbeitsgruppe „Versuchsplanung und -auswertung" im ZFW, insbesondere Herrn Dr. G. Ehrlich und Frau Dr. K. Hempel, danke ich für die stimulierende Zusammenarbeit, in deren Verlauf die o. g. Ausarbeitung zum größten Teil entstand. Dem Herausgeberkollektiv, insbesondere Herrn Dr. D. Schulze, sowie dem Gutachter bin ich für ihre wertvolle Hilfe bei der Gestaltung des Manuskriptes für diese Schriftenreihe zu Dank verpflichtet.

2. Die Aufgabenstellung

Eine ziemlich universale Fragestellung in Naturwissenschaft und Technik betrifft den Zusammenhang meßbarer Größen. In der Regel werden dabei diese Größen, bedingt durch praktische Zielstellungen oder theoretische Konzepte, begrifflich in abhängige oder Zielgrößen und unabhängige oder Einflußgrößen unterteilt. Die Fragestellung erscheint dann in der typischen Form:

Es ist die Wirkung von Einflußgrößen auf Zielgrößen zu ermitteln (1a)

Ein genaueres Verständnis dieser Fragestellung hängt von der konzeptionellen Vorstellung, die wir mit dem Begriff „Größe" verbinden, ab. Im klassisch-physikalischen Sinne wird eine „Größe" konzeptionell durch ein Gedankenexperiment definiert, das einen „wahren Wert" ergibt, der nur bei jeder konkreten Ausführung der definierenden Meßvorschrift durch zufällige, unkontrollierbare Einflüsse verfälscht wird. Wenn wir dagegen von „Materialeigenschaften" oder „Werkstoffkenngrößen" als „Größen" sprechen, meinen wir, schon vom Sprachgefühl her, etwas für das „Material schlechthin" oder für die „Materialgesamtheit" repräsentatives. Hier fassen wir den Begriff „Größe" konzeptionell als Mittelwert (genauer statistischen Erwartungswert) einer gedachten statistischen Gesamtheit auf.* „Masse" als klassisch-physikalische „Größe" kommt primär immer nur einem einzelnen Objekt zu. „Bruchfestigkeit" als eine Materialeigenschaft ist ein statistischer Erwartungswert über ein (gedachtes) Ensemble von Objekten (Meßproben). Nur im Falle verschwindender Varianz des statistischen Ensembles kann die Materialeigenschaft für ein einzelnes Objekt (eine einzelne Probe) konzeptionell definiert werden. Operational gesehen umfaßt somit die Konzeption von „Größen" als Erwartungswerte über statistische Gesamtheiten die klassisch-physikalische Konzeption. Erkenntnistheoretisch erscheint uns dagegen meist die letztere fundamentaler, was sich schon daran zeigt, daß wir nach „Erklärungen" für die Streuung von Meßwerten fragen. (Im Lichte der Quantentheorie und der Informationstheorie wird das philosophisch wieder fragwürdig [6].)

Im Rahmen der mathematischen Statistik fassen wir alle durch Meßvorschriften definierten Größen einheitlich als *Zufallsgrößen* auf. Das sind, ver-

* Außer dem Mittelwert können auch andere Verteilungscharakteristika statistischer Gesamtheiten als interessierende „Größen" erscheinen, z. B. die Streuung oder bestimmte Quantile der Verteilung.

einfacht gesagt, Größen, deren *Meßwerte,* auch *Realisierungen* der entsprechenden Zufallsgröße genannt, vom Zufall abhängen. Im weiteren sei vorausgesetzt, daß die betrachteten Größen *stetige Zufallsgrößen* sind, d. h. daß die Meßwerte x einer Zufallsgröße X einen homogenen (stetigen) Wertebereich besitzen, etwa $a \leqslant x \leqslant b$. Dann läßt sich eine *Wahrscheinlichkeitsdichte* w (x) der Zufallsgröße X mit folgender Bedeutung definieren: w (x) dx ist die Wahrscheinlichkeit dafür, einen Meßwert im Intervall zwischen x und x + dx zu finden. Offenbar muß

$$\int_a^b dx w(x) = 1$$

gelten. Der *Erwartungswert* EX der Zufallsgröße X wird wie folgt definiert:

$$EX = \int_a^b dx\ x\ w(x), \tag{2}$$

und als Maß für die Schärfe der Verteilung w (x) dient die *Varianz* oder *Streuung*

$$\sigma^2 = E(X - EX)^2 = \int_a^b dx\,(x - EX)^2\ w(x)$$

Im Sinne des oben gesagten wollen wir die Erwartungswerte von Zufallsgrößen als eigentlich interessierende „Größen" ansehen. Damit können wir die Aufgabenstellung (1a) wie folgt präzisieren:

> Es ist der Wirkungszusammenhang zwischen den Erwartungswerten der Einflußgrößen und dem Erwartungswert von Zielgrößen zu ermitteln. (1b)

Häufig können die Einflußgrößen als „scharf" angesehen werden, d. h. von ihrem Charakter als Zufallsgrößen kann abgesehen werden.

Entsprechend einer häufig vorkommenden Situation beschreiben wir die Aufgabenstellung (1b) wie folgt etwas näher:

1. Der Wirkungszusammenhang (1b) ist über einem definierten Wertebereich der Einflußgrößen zu ermitteln.
2. Er ist in übersichtlicher mathematischer Form (durch ein mathematisches Modell) darzustellen.
3. Es liege kein theoretisch begründetes Modell des Wirkungszusammenhanges vor.
4. Es werden Aussagen über die Verläßlichkeit empirisch ermittelter Wirkungszusammenhänge gewünscht.
5. Die Einflußgrößen sind prinzipiell unabhängig voneinander variierbar.

Die weitere Verschärfung der Aufgabe zu einem mathematisch formulierbaren Modell erfordert gewisse Grundentscheidungen, die sachlogisch zu motivieren sind oder hypothetisch bleiben müssen. Diese meist hypothetisch bleibenden Annahmen, die Statistik-Anwendern oft nicht bewußt sind, werden im nächsten Abschnitt betrachtet. Zuvor soll jedoch die bisher abstrakt beschriebene Situation an einem praktischen Beispiel erläutert werden.

Im Rahmen einer technologischen Grundlagenuntersuchung zur Entkohlung von Dynamoband sollte der Einfluß des Silizium-, Aluminium- und Kohlenstoffgehalts sowie der Glühzeit auf den Endkohlenstoffgehalt nach Glühung bei 850 °C unter feuchtem Wasserstoff (Taupunkt 35 °C) ermittelt werden, mit dem Ziel einer Optimierung der Entkohlung. Durch die Formulierung ist bereits klar, daß wir es mit 4 Einflußgrößen zu tun haben, nämlich der Glühzeit t und den drei Konzentrationen C_{Si}, C_{Al} und C_C. Das Experimentiergebiet wurde aus sachlogischen Gründen wie folgt festgelegt: $1{,}5 \text{ min} \leqslant t \leqslant 7 \text{ min}$, $0{,}5\,\% \leqslant C_{Si} \leqslant 2{,}0\,\%$, $0 \leqslant C_{Al} \leqslant 0{,}4\,\%$, $0{,}01\,\% \leqslant C_C \leqslant 0{,}05\,\%$. In diesem Gebiet (Testraum) interessiert also die Wirkung der Einflußgrößen. Aufgabe der Versuchsplanung ist es, aussagekräftige Wertekombinationen der Einflußgrößen vorzugeben. Als Zielgröße $\bar{c}(t)$ wird der über den Bandquerschnitt gemittelte Kohlenstoffgehalt nach der Glühzeit t gewählt. Im Prinzip haben wir alle Konzentrationsgrößen als Zufallsgrößen anzusehen. Da jedoch die relativen Schwankungen der Meßwerte des (sehr geringen) Endkohlenstoffgehalts diejenigen der anderen Konzentrationswerte weit übersteigen, sollen für eine orientierende statistische Untersuchung die Einflußgrößen als „praktisch scharf" angesehen, d. h. ihre Schwankungen als gegenüber derjenigen der Zielgröße unerheblich vernachlässigt werden. Das ist bereits ein wesentlicher Schritt der „Modellbildung" (s. Abschnitt 3.1.). Eine weitere, in der Praxis häufig auftretende Besonderheit besteht darin, daß die Einflußgrößen, soweit es sich um Konzentrationen handelt, sich praktisch nicht beliebig genau einstellen lassen. Eine mit gewissen Sollwerten erschmolzene Charge offenbart erst bei der anschließenden chemischen Analyse die wirklichen Konzentrationen, die im allgemeinen von ihren Sollwerten mehr oder weniger abweichen. Die vom Versuchsplaner vorgegebenen Testpunkte lassen sich also praktisch nicht exakt verwirklichen. Damit scheint die Anwendbarkeit der Versuchsplanung erst einmal prinzipiell in Frage gestellt zu werden. Glücklicherweise genügt jedoch eine ungefähre, annähernde Einstellung der Versuchspunkte, um die Vorteile optimaler Versuchsplanung zum Tragen zu bringen (s. Abschnitt 3.2.).

Die Wirkung der Einflußgrößen auf den Endkohlenstoffgehalt wird in Form eines mathematischen Modells

$$E\bar{c}(t) = F(t, C_{Si}, C_{Al}, C_C)$$

gesucht. Das erfordert Überlegungen zur Struktur der Funktion F. Wenn wir damit rechnen könnten, daß alle Einflußgrößen unabhängig voneinander auf die Zielgröße wirken, wäre das durch einen entsprechenden Ansatz

$$F(t, C_{Si}, C_{Al}, C_C) = \text{const} + f_1(t) + f_2(C_{Si}) + f_3(C_{Al}) + f_4(C_C)$$

zum Ausdruck zu bringen. Die Struktur der zunächst noch beliebigen Funktionen f_i müßte durch weitere sachliche Überlegungen eingegrenzt werden. Die Annahme der unabhängigen Wirkung der einzelnen Einflußgrößen ist jedoch, wie aus sachlicher Erfahrung folgt, nicht zutreffend. Es ist vielmehr damit zu rechnen, daß „Wechselwirkungen" zwischen den Einflußgrößen vorliegen, d. h. daß die Wirkung einer bestimmten Einflußgröße von den gerade vorliegenden Werten der anderen Einflußgrößen abhängt. Beispielsweise ist im vorliegenden Falle damit zu rechnen, daß, bei gegebenem Wert von C_c, der Endkohlenstoffgehalt in Abhängigkeit von der Glühzeit noch wesentlich von der Si- und Al-Konzentration abhängt. Solche sachlogischen Überlegungen, in die in der Regel der gesamte Erfahrungshintergrund eines Fachgebietes einfließt, führen im vorliegenden Fall dazu, als Modellansatz für die Wirkungsfläche ein vollständiges Polynom 2. Grades in den Einflußgrößen anzusetzen, das außer den direkten (lineraren und quadratischen) Effekten der Einflußgrößen auch alle paarweisen Wechselwirkungen zwischen ihnen enthält:

$$\begin{aligned} F = {} & p_0 + p_1 t + p_2 C_{Si} + p_3 C_{Al} + p_4 C_C + p_5 t^2 + p_6 C_{Si}^2 + p_7 C_{Al}^2 \\ & + p_8 C_C^2 + p_9 t C_{Si} + p_{10} t C_{Al} + p_{11} t C_c + p_{12} C_{Si} C_{Al} + p_{13} C_{Si} C_c \\ & + p_{14} C_{Al} C_C \end{aligned}$$

Dieser Ansatz enthält 15 Parameter p_0 bis p_{14}, die durch das Experiment zu bestimmen sind. Dabei kommt nun, nachdem also die mathematische Struktur der Wirkungsfläche durch sachspezifische Überlegungen entworfen ist, die Versuchsplanung im engeren Sinne zum Zuge. Ihre wesentliche Aufgabe ist es, ein experimentelles Programm zur Bestimmung der Parameter p_0 bis p_{14} mit möglichst hoher Sicherheit bei möglichst geringem Aufwand zu entwerfen. Nachdem die optimalen Versuchspunkte festgelegt und die entsprechenden Experimente durchgeführt sind, ist eine statistische Versuchsauswertung durchzuführen um zu prüfen, ob die durch die Modellparameter beschriebenen Effekte statistisch signifikant sind und ob der gewählte Modellansatz die Wirkungsfläche adäquat beschreiben kann.

Wir haben bisher als Zielgröße den Endkohlenstoffgehalt $\bar{c}(t)$ betrachtet. Wenn die Entkohlung heuristisch als ein diffusionsbestimmter Prozeß angesehen wird, dann ist es physikalisch sinnvoll, eine andere Zielgröße ins Auge zu fassen. Mit einigen vereinfachenden Annahmen kann die Lösung der Diffusionsgleichung bei den entsprechenden Rand- und Anfangsbedingungen wie folgt geschrieben werden:

$$\bar{c}(t) = \frac{8}{\pi^2} C_c e^{-\frac{t}{\tau}}, \qquad \tau = \frac{d^2}{\pi^2 D}.$$

Dabei bedeuten D die Diffusionskonstante und d die Banddicke. Damit ergibt sich als charakteristische, physikalisch motivierte Zielgröße die Entkohlungsgeschwindigkeit τ. Sie sollte, wenn das Diffusionsmodell richtig ist, nur noch von den Einflußgrößen C_{Si} und C_{Al} abhängen. Ihre empirischen Werte sind durch Auflösung obiger Gleichung durch die empirischen Werte t, C_C und $\bar{c}(t)$ wie folgt zu berechnen:

$$\tau = \frac{t}{\ln\left(\frac{8}{\pi^2} \frac{C_c}{\bar{c}(t)}\right)}.$$

Die Experimente haben im vorliegenden Falle ergeben, daß das heuristische Diffusionsmodell nicht zutrifft. Die experimentellen Ergebnisse können nicht in der Form $\tau = \tau(C_{Si}, C_{Al})$ beschrieben werden. Dieses zunächst negative Ergebnis ist aber natürlich heuristisch wertvoll, indem es die Diffusion als geschwindigkeitsbestimmenden Prozeß bei der Entkohlung ausschließt und damit die Suche nach neuen Interpretationsmöglichkeiten provoziert. Hierauf soll jedoch nicht mehr konkret eingegangen werden. Mit Bestimmung der Wirkungsfläche ist eine empirische Übersicht über das Verhalten des betrachteten Systems gegeben, die praktisch genutzt werden kann. Zum Beispiel kann die Frage, wie und wie stark die für einen maximal zulässigen Endkohlenstoffgehalt erforderlichen Glühzeiten durch Al-Zugabe herabsetzbar sind, mit angebbarer statistischer Sicherheit beantwortet werden. Natürlich gibt die Wirkungsfläche keinen direkten Einblick in das Kausalgefüge der Wirkungszusammenhänge. Sie spiegelt lediglich empirische Zusammenhänge in kompakter, handhabbarer Form wider.

Die Auswahl des Endkohlenstoffgehalts als Zielgröße ist im vorliegenden Fall dadurch bedingt, daß er die letztendlich interessierenden physikalischen Eigenschaften entscheidend beeinflußt. Solche physikalischen Eigenschaften sind z. B. die magnetische Permeabilität und die Ummagnetisierungsverluste. Es könnten auch diese, durch bestimmte Kenngrößen quantitativ definierten Eigenschaften direkt als Zielgrößen gewählt werden, für die sich dann natürlich zwei Wirkungsflächen ergeben. Wenn beide als ermittelt vorausgesetzt werden, kann eine Werkstoffoptimierung rechnerisch, sozusagen am Schreibtisch, vorgenommen werden. η_1 und η_2 seien die Erwartungswerte der Permeabilität und der Ummagnetisierungsverluste und η_{10} bzw. η_{20} die entsprechenden zulässigen Mindest- bzw. Maximalwerte (die vorzugeben sind). Dann könnte „Optimalität" dadurch definiert werden, daß die kombinierte Zielgröße $\eta \equiv (\eta_1 - \eta_{10})\,(\eta_2 - \eta_{20})$ einen Minimalwert annehmen soll bei $\eta_1 - \eta_{10} > 0$. Bei dieser Definition des „Optimums" werden η_1 und η_2 als gleichwertige Eigenschaften betrachtet. Natürlich können auch andere Zielgrößenkombinationen definiert werden, bei denen die einzelnen Zielgrößen verschiedenes Gewicht erhalten. In Abbildung 4 ist die Situation für eine Einflußgröße x grafisch dargestellt.

Die Diskussion dieses Beispiels sollte vor allem deutlich machen, welche Rolle sachlich-inhaltliche Gesichtspunkte bei der Modellbildung (statistische Annahmen, mathematische Ansätze für die Wirkungsfläche, Auswahl geeigneter Zielgrößen) spielen. Erst nachdem das Modell entworfen ist, setzt die Versuchsplanung im engeren, mathematischen Sinne ein. Die sachlogischen Überlegungen sind natürlich fachspezifisch verschieden, und jede Aufgabe hat ihre Besonderheiten. Die *allgemeine Struktur* vieler Probleme in Biologie, Landwirtschaftswissenschaften, Medizin, Chemie, chemischer Technologie, Physik und Werkstoffwissenschaften oder Metallurgie ist jedoch gleich. Daher sind auch gewisse allgemeine theoretische und praktische Konzepte für alle diese Probleme gleichermaßen brauchbar. Die anwendungsbereite Beschreibung einiger solcher, vielseitig verwendbarer Konzepte ist der Gegenstand dieser Arbeit.

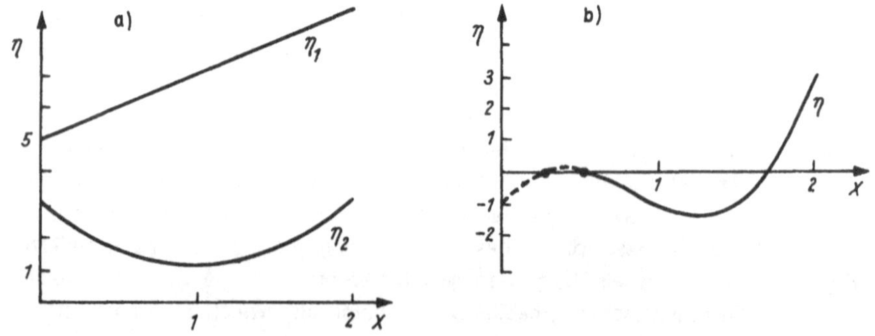

Abb. 4. Gleichzeitige Optimierung von zwei Zielgrößen η_1 und η_2
a) Wirkungsflächen der einzelnen Zielgrößen
b) Wirkungsfläche der kombinierten Zielgröße $\eta = (\eta_1 - \eta_{10})\,(\eta_2 - \eta_{20})$ für $\eta_{10} = 6$, $\eta_{20} = 2$

3. Theoretische Grundlagen

3.1. Das Regressionsmodell

Wir betrachten einen allgemeinen Fall mit R verschiedenen Einflußgrößen X^1, $X^2, \ldots X^R$, deren Gesamtheit abkürzend durch den Einflußvektor $\mathfrak{R}$: $\mathfrak{R} = (X^1, X^2, \ldots X^R)$ bezeichnet werde. Die Zielgröße heiße Z. Die Meßwerte dieser Zufallsgrößen werden durch die entsprechenden kleinen Buchstaben $\mathfrak{x} = (x^1, x^2, \ldots x^R)$, z gekennzeichnet. Die Erwartungswerte von Ziel- und Einflußgrößen sollen mit griechischen Buchstaben bezeichnet werden:

$$\eta \equiv EZ; \quad \zeta^l \equiv EX^l; \quad \vec{\rho} \equiv E\mathfrak{R} = (\zeta^1, \zeta^2, \ldots \zeta^R) \qquad (3)$$

Die Gesamtheit der Vektoren $\vec{\rho}$ definiert das Experimentiergebiet oder den Testraum. Die Punkte dieses Raumes heißen Testpunkte oder Versuchspunkte. Verschiedene Testpunkte werden durch untere Indizes unterschieden. Der i-te Testpunkt wird also durch $\vec{\rho}_i = (\zeta_i^1, \zeta_i^2, \ldots \zeta_i^R)$ bezeichnet. Mit den Bezeichnungen (3) kann die Aufgabe (1b) nun mathematisch wie folgt formuliert werden:

Es ist der funktionelle Zusammenhang $\eta = F(\vec{\rho})$ zu ermitteln. (1c)

Das geometrische Abbild der Relation $\eta = F(\vec{\rho})$ heißt „Wirkungsfläche". Mit einer endlichen Zahl von Experimenten können nur endlich viele Bestimmungsstücke einer unbekannten Funktion festgelegt werden. Die Aufgabe (1c) kann somit logisch überhaupt nur den Sinn haben, eine endliche Zahl K von Parametern $p_0, p_1, \ldots p_{K-1}$ einer bekannten bzw. heuristisch definierten Funktionsklasse zu bestimmen. Diese Parameter werden zuweilen in einen Parametervektor $\mathfrak{p} = (p_0, p_1, \ldots p_{K-1})$ zusammengefaßt. Im weiteren betrachten wir die für die meisten praktischen Fälle ausreichende Klasse der in den Parametern p_l linearen Funktionen

$$F(\vec{\rho}) = p_0 f_0(\vec{\rho}) + p_1 f_1(\vec{\rho}) + \ldots + p_{K-1} f_{K-1}(\vec{\rho}) = p_k f_k(\vec{\rho}) \qquad (4)$$

Dabei können die $f_k(\vec{\rho})$ noch beliebige Funktionen der Erwartungswerte der Einflußgrößen sein. Im letzten Gleichheitszeichen wurde von der Summenkonvention Gebrauch gemacht: über gleichlautende Indizes ist automatisch von 0 bis K–1 zu summieren. Diese Konvention wird durchgehend als geltend vorausgesetzt, wenn sie nicht ausdrücklich aufgehoben wird. Summationen über verschiedene Testpunkte werden dagegen im weiteren immer explizit bezeichnet. Die weitere Eingrenzung der Funktionsklasse (4) muß nach sachlogischen oder praktischen Gesichtspunkten erfolgen (s. Abschnitt 4.1.). Ferner ist klar, daß es für die tatsächliche Ermittlung der Wirkungsfläche von entscheidender Bedeutung sein muß, welche Annahmen über den Charakter der Verteilungen der Zufallsgrößen gemacht werden. Die Verschärfung der Aufgabenstellung erfordert also eine Modellbildung in zweifacher Hinsicht:

- Stochastisches Modell (Charakter der statistischen Gesamtheit),
- Modell der Wirkungsfläche (Funktionsklasse der Wirkungsfläche).

Im weiteren besprechen wir zwei stochastische Grundmodelle.

Modell A: Das einfachste und am häufigsten angenommene stochastische Modell vernachlässigt die Varianzen der Einflußgrößen gegenüber der Varianz der Zielgröße. Die Einflußgrößen werden als „scharf" angesehen, d. h. ihre Erwartungswerte mit den Meßwerten identifiziert:

$$\zeta^l = x^l \tag{5}$$

Die Zielgröße wird meist als normalverteilte Zufallsgröße mit unbekanntem Mittelwert und unbekannter Varianz σ^2 betrachtet. σ^2 selbst kann dabei noch von Testpunkt zu Testpunkt verschieden sein. Die Wahrscheinlichkeitsdichte der Zielgröße ist dann

$$w_1(z) = \frac{1}{\sqrt{2\pi}\,\sigma(\eta)} \exp\left\{-\frac{1}{2\sigma^2(\eta)}(z-\eta)^2\right\} \equiv N(\eta,\ \sigma^2) \tag{6}$$

Bei den Anwendungen ist im allgemeinen das wirkliche Verteilungsgesetz stochastischer Größen nicht bekannt. Die Normalverteilung (6) ist dann als Hypothese Bestandteil der Modellbildung. Informationstheoretisch läßt sie sich dadurch motivieren, daß sie einem Zustand maximaler Unkenntnis des Verteilungsgesetzes entspricht: Sie ist diejenige im Gebiet $-\infty \leqslant z \leqslant \infty$ stetige Verteilung, die maximale Entropie bei endlicher Varianz besitzt.*

Wenn die einzelnen Messungen der Zielgröße (mit den Ergebnissen z_i) als statistisch unabhängig angesehen werden, kann das Regressionsmodell unter Berücksichtigung von (1c) und (4) wie folgt zusammengefaßt werden:

$$\begin{aligned} z_i &= p_k f_k(\varkappa_i) + \epsilon_i \\ w_2(\epsilon_i, \epsilon_j) &= w_1(\epsilon_i)\, w_1(\epsilon_j) \qquad (i \neq j) \\ w_1(\epsilon_i) &= N(0,\ \sigma^2(\eta)) \end{aligned} \tag{7}$$

* Die Entropie einer stetigen Wahrscheinlichkeitsverteilung w (z) ist durch

$$I = -K \int_{-\infty}^{\infty} dz\, w(z) \ln w(z)$$

gegeben, wobei K eine die Maßeinheit bestimmende Konstante ist.

$w_2(\epsilon_i, \epsilon_j)$ ist dabei die Wahrscheinlichkeitsdichte für die Beobachtung der Werte ϵ_i *und* ϵ_j der Zufallsgröße ϵ bei den Messungen Nr. i und Nr. j.

Die Theorie des in den Gleichungen (7) formulierten Modells A ist vollständig entwickelt (siehe z. B. [7]). Es vereinfacht sich weiter, wenn die Varianzen der Zielgröße unabhängig vom Testpunkt sind, $\sigma^2(\eta) = \sigma^2 = \text{const}$, was immer angenommen werden sollte, wenn aus sachlogischen Gründen oder Vorversuchen nichts anderes folgt.

Modell B: Wenn der stochastische Charakter der Einflußgrößen wesentlich wird, d. h. die Varianzen der Einflußgrößen nicht mehr gegenüber der Varianz der Zielgröße zu vernachlässigen sind, folgt das allgemeinere Regressionsmodell:

$$\begin{aligned}
&z = F(\vec{\rho}, \mathfrak{p}) + \epsilon^{(o)} \\
&x^l = \zeta^l + \epsilon^{(l)}, \qquad l = 1, 2, \ldots R \qquad\qquad (8) \\
&E\epsilon^{(s)} = 0, \qquad E\epsilon^{(s)}\epsilon^{(p)} = \Omega^{sp}, \qquad s = 0, 1, 2, \ldots R
\end{aligned}$$

Bei statistischer Unabhängigkeit aller Größen wird die „Kovarianzmatrix" Ω diagonal: $\Omega^{sp} = \sigma^{2(s)}\delta_{sp}$. Mit der Annahme von Normalverteilungen der $\epsilon^{(s)}$ könnte dann das Modell (8) vervollständigt werden. Die Bestimmung der Schätzwerte für die Modellparameter ist hier wesentlich schwieriger als im Modell A, und über die statistischen Eigenschaften dieser Schätzungen sind nur asymptotische Aussagen möglich.

In der Regel enthält das stochastische Modell unbewiesene, heuristische Annahmen. Dabei sind oft Gesichtspunkte der (konzeptionellen und rechentechnischen) „Einfachheit" entscheidender als solche der „Richtigkeit". (Das entspricht übrigens dem Wesen jeder Modellbildung.) Maßgebend ist letzten Endes die Zielstellung der Forschung. Grundsätzlich sollte immer das einfachst mögliche Modell verwendet werden. Bei orientierenden Untersuchungen an komplexen Systemen ist man oft nur am Nachweis der Existenz bzw. Nichtexistenz von Einflüssen und ihren Vorzeichen interessiert. Bei der Untersuchung technologischer Prozesse interessieren nur deutlich signifikante Effekte. In beiden Fällen genügen zur Gewinnung von der Zielstellung entsprechenden Aussagen im allgemeinen einfache Modelle des Typs A. Quantitative Feinheiten und Korrekturen, die Modelle vom Typ B erforderten, sind bei anwendungsorientierten Untersuchungen und Erstuntersuchungen zur Groborientierung meist uninteressant. Im weiteren wird deshalb hauptsächlich das Modell A mit vom Testpunkt unabhängigen Varianzen behandelt. Ausblicke auf andere Modelle werden im Anhang gegeben.

3.2. Bestimmung der Modellparameter

Das in den Gleichungen (7) formulierte Modell enthält bei vom Testpunkt unabhängiger Varianz σ^2 der Zielgröße K+1 zu schätzende Parameter, nämlich $p_0, p_1, \ldots p_{K-1}$ und σ^2. Zur Bestimmung dieser K+1 Modellparameter müssen $N \geqslant K+1$ Versuche durchgeführt werden, davon mindestens K an verschiedenen Testpunkten. Diese Versuche können wir uns in einer Tabelle wie folgt geordnet denken:

Nr.	x^1	$x^2 \ldots$	x^R	z
1	x_1^1	$x_1^2 \ldots$	x_1^R	z_1
2	x_2	$x_2 \ldots$	x_2	z_2
3	x_3	$x_3 \ldots$	x_3	z_3
.	.	. ...	.	.
.	.	. ...	.	.
.	.	. ...	.	.
i.	x_i^1	$x_i^2 \ldots$	x_i^R	z_i
.	.	. ...	.	.
.	.	. ...	.	.
.	.	. ...	.	.
N	x_N^1	$x_N^2 \ldots$	x_N^R	z_N

(9)

Die in den Spalten x^1 bis x^R stehenden ausgewählten Kombinationen von Werten der Einflußgrößen heißen *Versuchsplan.*

Die nach der Methode der kleinsten Quadrate gewonnenen besten Schätzwerte der Modellparameter p_k sollen mit $\hat{p}_k$ bezeichnet werden. Sie bestimmen sich aus folgendem Gleichungssystem:

$$M_{kl}\hat{p}_l = Z_k, \qquad k = 0, 1, 2, \ldots, K-1 \tag{10}$$

mit den aus dem Versuchsplan und den Versuchsergebnissen zu berechnenden Größen:

$$M_{kl} = \sum_{i=1}^{N} f_k(\varkappa_i)\, f_l(\varkappa_i), \qquad Z_k = \sum_{i=1}^{N} z_i f_k(\varkappa_i) \tag{11}$$

Die Gleichungen (10) sind nach den $\hat{p}_l$ auflösbar, wenn die sogenannte Informationsmatrix M_{kl} eine nicht verschwindende Determinante besitzt. Das ist eine relativ triviale Forderung an jeden Versuchsplan. Dann existiert die zu M_{kl} inverse Matrix D_{kl} ($M_{kl}D_{lm} = \delta_{km}$), mit der sich die Auflösung von (10) ergibt:

$$\hat{p}_l = D_{lk}Z_k, \qquad l = 0, 1, 2, \ldots, K-1 \tag{12}$$

Die durch (12) bestimmten Schätzwerte der Modellparameter sind selbst stochastische Größen mit den Eigenschaften:

$$E\,\hat{p}_l = p_l$$

$$E\,(\hat{p}_l - p_l)(\hat{p}_s - p_s) = \sigma^2 D_{ls}, \qquad l, s = 0, 1, 2, \ldots, K-1 \tag{13}$$

Die $\hat{p}_l$ sind also erwartungstreue Schätzungen der „wahren" Parameter p_l, deren Varianzen durch die entsprechenden Diagonalglieder der D-Matrix und σ^2 gegeben sind. Die D-Matrix wird deshalb auch „Präzisionsmatrix" genannt. Die Nichtdiagonalglieder von D liefern die statistischen Korrelationen (Kovarianzen) zwischen den entsprechenden $\hat{p}_l$.

Wie aus (11) ersichtlich ist, hängen die M_{kl} und damit auch die D_{kl} lediglich vom Versuchsplan ab, der noch zu bestimmende Schätzwert von σ^2 dagegen auch von den Meßergebnissen der Zielgröße. Gute Versuchspläne sind solche, die möglichst kleine Komponenten der D-Matrix ergeben und damit nach (13) möglichst genaue Schätzwerte für die Modellparameter liefern, soweit das eben schon allein durch die Versuchsanlage zu beeinflussen ist.

Diese Situation sei an einem Beispiel erläutert. Es handle sich um ein lineares Modell der Wirkungsfläche bei 3 Einflußgrößen x^1, x^2, x^3. Mit den Funktionen $f_0 = 1$, $f_1 = x^1$, $f_2 = x^2$ und $f_3 = x^3$ nimmt (4) die Form

$$F = p_0 + p_1x^1 + p_2x^2 + p_3x^3$$

an. Der interessierende Wertebereich aller 3 Einflußgrößen sei durch $-1 \leqslant x^1, x^2, x^3 \leqslant +1$ gegeben und stellt geometrisch einen Würfel dar. Zur Bestimmung der 4 Parameter p_0 bis p_3 sind mindestens 4 Versuche durchzuführen. Wir wollen jetzt verschiedene Versuchspläne untersuchen.

a) Wir betrachten zuerst ein Einfaktorenexperiment und argumentieren nach einem oft verwendeten Schema so: Zunächst werde ein Versuch durchgeführt, bei dem alle Einflußgrößen ihr niedrigstes Niveau (–1) besitzen. Um die (laut Modell unabhängigen) Wirkungen der 3 Einflußgrößen zu ermitteln, variieren wir jede Einflußgröße bei jeweils festgehaltenen Werten der beiden anderen. Als 2. Versuch werden wir also etwa x^1 auf seinen Maximalwert +1 setzen bei (auf dem Niveau –1) festgehaltenen Werten von x^2 und x^3. Im 3. und 4. Versuch sind dann x^2 und x^3 entsprechend zu variieren. Damit nimmt der Versuchsplan folgende Gestalt an:

Nr.	x^1	x^2	x^3
1	−1	−1	−1
2	+1	−1	−1
3	−1	+1	−1
4	−1	−1	+1

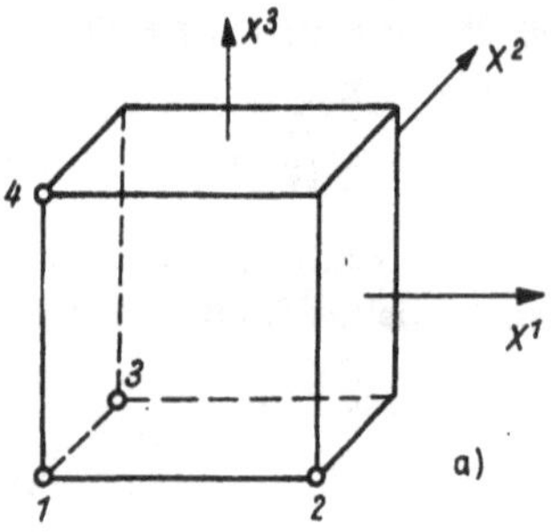

Abb. 5a. Versuchspunkte beim einfachen Einfaktorenexperiment

In Abbildung 5a ist die entsprechende Besetzung des würfelförmigen Testraumes mit Versuchspunkten anschaulich dargestellt. Wir berechnen nun nach (11) die Informationsmatrix. Mit der Bezeichnung $f_0 = x^0 = 1$ ergibt sich

$$M_{kl} = \sum_{i=1}^{4} f_k(\varkappa_i)\, f_l(\varkappa_i) = \sum_{i=1}^{4} x_i^k\, x_i^l$$

Damit berechnet sich z. B.

$$M_{00} = \sum_{i=1}^{4} x_i^0\, x_i^0 = \sum_{i=1}^{4} 1 = 4$$

$$M_{01} = \Sigma\, x_i^0\, x_i^1 = \Sigma\, x_i^1 = -2$$

$$M_{12} = \Sigma\, x_i^1\, x_i^2 = 0 \qquad \text{usw.}$$

Zusammenfassend ergibt sich die Informationsmatrix

$$M = \begin{pmatrix} 4 & -2 & -2 & -2 \\ -2 & 4 & 0 & 0 \\ -2 & 0 & 4 & 0 \\ -2 & 0 & 0 & 4 \end{pmatrix} \qquad D = \frac{1}{4} \begin{pmatrix} 4 & 2 & 2 & 2 \\ 2 & 2 & 1 & 1 \\ 2 & 1 & 2 & 1 \\ 2 & 1 & 1 & 2 \end{pmatrix}$$

wobei die Umkehrmatrix D gleich mit angegeben wurde. Aus (13) ist zu ersehen, daß die (durch die Nichtdiagonalglieder von D gegebenen) statistischen Korrelationen zwischen den Schätzwerten der Modellparameter nicht verschwinden. Ferner ist der durch die Umkehrung der Nichtdiagonalmatrix M verursachte Rechenaufwand lästig. Diese ungünstigen Eigenschaften sind durch die in Abbildung 5a erkennbare „Unsymmetrie" der Besetzung des

Testwürfels mit Versuchspunkten bedingt. Ohne von der Ideologie des Einfaktorenexperiments abzugehen, könnte ein verbessertes, symmetrisches Experiment mit allerdings erhöhtem Versuchsaufwand wie folgt entworfen werden:

b) Wir gehen vom Zentrum des Versuchsgebietes aus und variieren die Werte der einzelnen Einflußgrößen (wieder bei festgehaltenen Werten der jeweils übrigen) symmetrisch zwischen –1 und +1. Dann entsteht folgender Versuchsplan:

Nr.	x^1	x^2	x^3
1	0	0	0
2	+1	0	0
3	–1	0	0
4	0	+1	0
5	0	–1	0
6	0	0	+1
7	0	0	–1

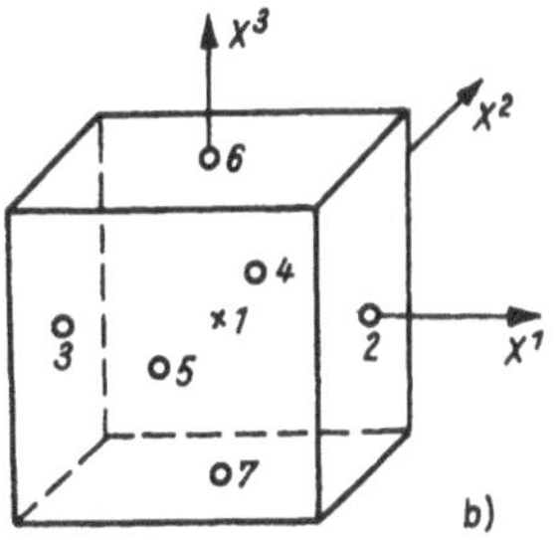

Abb. 5b. Versuchspunkte beim symmetrischen Einfaktorenexperiment (Besetzung des Zentrums und der Flächenmitten)

Für M ergibt sich nun die Diagonalmatrix

$$M = \begin{pmatrix} 7 & 0 & 0 & 0 \\ 0 & 2 & 0 & 0 \\ 0 & 0 & 2 & 0 \\ 0 & 0 & 0 & 2 \end{pmatrix} \qquad D = \begin{pmatrix} 1/7 & 0 & 0 & 0 \\ 0 & 1/2 & 0 & 0 \\ 0 & 0 & 1/2 & 0 \\ 0 & 0 & 0 & 1/2 \end{pmatrix}$$

und die Berechnung von D wird trivial. Es ist jedoch zu sehen, daß sich trotz erhöhtem Versuchsaufwand die Diagonalelemente D_{11}, D_{22}, D_{33} gegenüber denen des Versuchsplanes a) nicht verringert haben, d. h. nach (13), daß die Varianzen der Schätzwerte für p_1, p_2, p_3 unverändert geblieben sind. Lediglich die Varianz von p_0 hat sich beim „verbesserten" Einfaktorenexperiment auf 1/7 verringert, wie aus dem Vergleich der D_{00}-Werte ersichtlich ist. In der Regel interessiert dieser „Nulleffekt" aber gar nicht; interessant sind vielmehr die Effekte der Einflußgrößen x^1, x^2, x^3, die ja gerade durch die Werte der Modellparameter p_1, p_2, p_3 beschrieben werden. Hinsichtlich der Zuverlässigkeit der Bestimmung dieser Parameter bringt dieses „verbesserte" Einfaktorenexperiment also keinen Gewinn. Sein Vorteil besteht lediglich in verringertem Rechenaufwand und einer statistischen Entkopplung der Parameterschätzungen. Das kann aber auch mit geringerem experimentellen Aufwand erreicht werden, wie nun am Beispiel eines optimalen Versuchs gezeigt werden soll.

c) Der optimale Versuchsplan lautet

Nr.	x^1	x^2	x^3
1	+1	+1	–1
2	–1	–1	–1
3	+1	–1	+1
4	–1	+1	+1

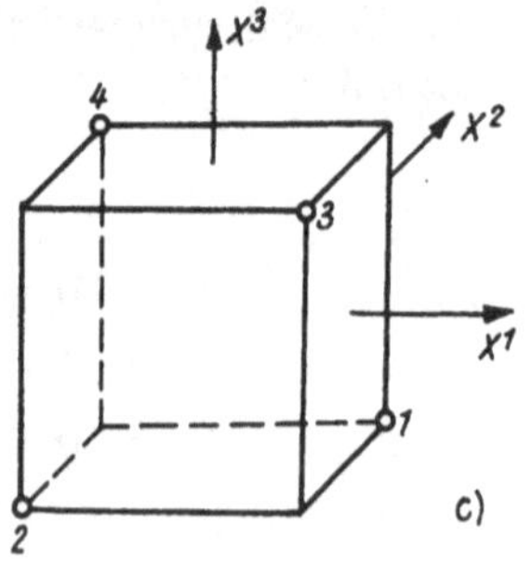

Abb. 5c. Versuchspunkte beim optimalen Experiment

Für die M- und D-Matrizen berechnet sich leicht

$$M = 4\,I, \qquad D = (1/4)\,I, \qquad I = \begin{pmatrix} 1 & 0 & 0 & 0 \\ 0 & 1 & 0 & 0 \\ 0 & 0 & 1 & 0 \\ 0 & 0 & 0 & 1 \end{pmatrix}$$

mit I als der Einheitsmatrix. Somit ergibt sich (neben den rechnerisch bequemen Diagonalmatrizen mit der zugehörigen statistischen Entkopplung der Parameterschätzungen) ein Gewinn an Verläßlichkeit bei der Bestimmung der Modellparameter. Die Varianzen der interessierenden Parameter haben sich um einen Faktor 2 gegenüber den Versuchsführungen a) oder b) verringert. Es sei noch bemerkt, daß die Besetzung der in Abbildung 5c freien Würfelecken ebenfalls einen optimalen Versuchsplan ergibt.

Aus den vorstehenden Beispielen wird ersichtlich, daß eine überlegte Versuchsplanung informativeres Experimentieren ermöglicht und daß ungenügend durchdachter experimenteller Aufwand (Fall b)) völlig nutzlos sein kann. Es ist einleuchtend, daß die günstigen Eigenschaften des optimalen Planes im wesentlichen schon durch seine „Grobstruktur" bedingt sind, und daß es auf die ganz exakte Lage der Versuchspunkte in den Würfelecken gar nicht ankommt. Geringe Verschiebungen der Versuchspunkte aus ihren exakten Optimallagen können die Struktur von M und D auch nur geringfügig stören.

Andernfalls wäre optimale Versuchsplanung in der Praxis kaum nutzbar. Wir betrachten die Situation etwas genauer. Durch geringfügige Verschiebungen der Versuchspunkte erhalte die Informationsmatrix die Struktur $M = M^{(0)} + \Delta M$, wobei $M^{(0)}$ die „ungestörte" Informationsmatrix und ΔM eine Störmatrix bedeuten. Nun ist wegen $M^{(0)} = 4\ I$

$$M = 4\,(I + (1/4)\,\Delta M), \qquad D = (1/4)\ (I + (1/4)\,\Delta M)^{-1}.$$

In linearer Näherung, d. h. wenn quadratische und höhere Glieder in den Elementen der Störmatrix ΔM vernachlässigt werden, gilt

$$D \approx (1/4)\ (I - (1/4)\ \Delta M).$$

Als Beispiel wollen wir die Versuchspunkte Nr. 1 und Nr. 4 wie im folgenden, gestörten Versuchsplan und Abbildung 5d angegeben verschieben:

Nr.	x^1	x^2	x^3
1	+1	+1	−0,75
2	−1	−1	−1
3	+1	−1	+1
4	−0,75	+1	+1

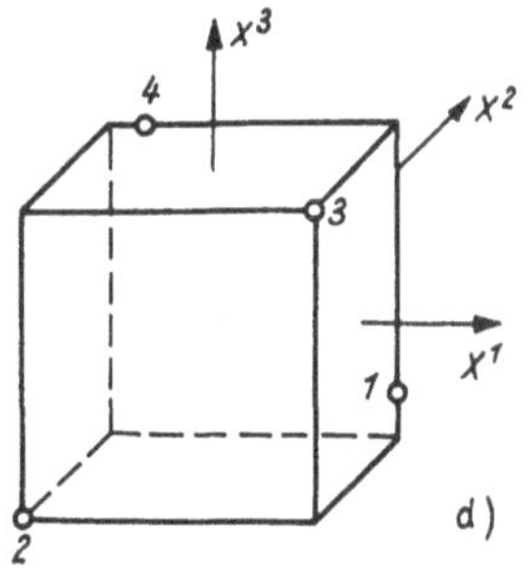

Abb. 5d. Gestörter optimaler Versuchsplan

Die Informationsmatrix berechnet sich zu

$$M = \begin{pmatrix} 4 & 1/4 & 0 & 1/4 \\ 1/4 & 57/16 & 1/4 & 1/2 \\ 0 & 1/4 & 4 & 1/4 \\ 1/4 & 1/2 & 1/4 & 57/16 \end{pmatrix} = 4 \left\{ I + (1/16) \begin{pmatrix} 0 & 1 & 0 & 1 \\ 1 & -7/4 & 1 & 2 \\ 0 & 1 & 0 & 1 \\ 1 & 2 & 1 & -7/4 \end{pmatrix} \right\}$$

Die zweite Matrix in der geschweiften Klammer ist also $\Delta M/4$. Die optimalen Eigenschaften des Versuchsplans werden also durch die betrachteten, schon recht großen Verschiebungen der Versuchspunkte nur wenig beeinflußt. Die Varianzen der Schätzwerte der Modellparameter p_1 und p_2 werden um 11 % erhöht.

Als ein empirisches Streuungsmaß kann die Quadratsumme der Abweichungen der Meßwerte z_i von der Wirkungsfläche dienen:

$$\hat{S}^2 = \sum_{i=1}^{N} (z_i - \hat{p}_l f_l(\varkappa_i))^2 \tag{14}$$

Um zu entscheiden, ob etwa ein großer Wert von $\hat{S}^2$ durch eine ungenügende Anpassungsfähigkeit des ausgewählten mathematischen Modells der Wirkungsfläche im Hinblick auf den wahren Wirkungszusammenhang oder vielleicht nur durch unkontrollierte Zufallseinflüsse bedingt ist, muß eine „Varianzanalyse" durchgeführt werden. Zu diesem Zweck sind im Versuchsplan Wiederholungen von Testpunkten vorzusehen.

Wenn der i-te Testpunkt n_i-fach im Versuchsplan vorkommt, und die entsprechenden Mehrfachbestimmungen der Zielgröße mit z_{ik} $(k = 1, 2, \ldots, n_i)$ bezeichnet werden, sind die Gleichungen (11) durch

$$M_{kl} = \sum_{i=1}^{N} n_i f_k(\varkappa_i) f_l(\varkappa_i), \qquad Z_k = \sum_{i=1}^{N} n_i \bar{z}_i f_k(\varkappa_i) \tag{15}$$

zu ersetzen. Dabei bedeutet

$$\bar{z}_i = \frac{1}{n_i} \sum_{k=1}^{n_i} z_{ik}$$

den Mittelwert der Zielgröße über die Testpunktwiederholungen. Ergänzend sei bemerkt, daß bei gleicher Anzahl von Mehrfachmessungen an jedem Testpunkt (d. h. n_i = const) die Gleichungen (10) bis (12) unverändert gültig bleiben, sofern nur in der zweiten Gleichung von (11) z_i durch $\bar{z}_i$ ersetzt wird. In der zweiten Gleichung von (13) ist dann allerdings D_{ls} durch D_{ls}/n zu ersetzen. Optimale Versuchspläne bleiben also bei gleicher Anzahl von Versuchswiederholungen optimal.

Bei Testpunktwiederholungen ergibt sich statt (14):

$$\hat{S}^2 = \sum_{i=1}^{N} \sum_{k=1}^{n_i} (z_{ik} - \hat{p}_l f_l(\varkappa_i))^2 \tag{16}$$

Die Größe $\hat{S}^2$ läßt sich wie folgt zerlegen:

$$\hat{S}^2 = \hat{S}_s^2 + \hat{S}_f^2$$

$$\hat{S}_s^2 = \sum_{i=1}^{N} \sum_{k=1}^{n_i} (z_{ik} - \bar{z}_i)^2, \qquad \hat{S}_f^2 = \sum_{i=1}^{N} n_i(\bar{z}_i - \hat{p}_l f_l(\varkappa_i))^2 = \sum_{i=1}^{N} (n_i \bar{z}_i^2) - \hat{p}_l Z_l \tag{17}$$

$\hat{S}_s^2$ enthält den stochastischen Einfluß unkontrollierter Faktoren, $\hat{S}_f^2$ den durch mangelnde Flexibilität des mathematischen Modells bedingten Varianzanteil. $\hat{S}_f^2 / (N-K)$ ist ein Schätzwert für die sogenannte Reststreuung. Solange $\hat{S}_s^2 > \hat{S}_f^2$ ist, haben Modellverfeinerungen keinen Sinn. Im umgekehrten Falle kann das mathematische Modell der Wirkungsfläche den realen Wirkungszusammenhang nicht adäquat beschreiben und muß durch ein besseres ersetzt werden.

Da die Größen $\hat{S}_s^2$ und $\hat{S}_f^2$ selbst wieder Zufallsgrößen sind, müssen Aussagen wie $\hat{S}_s^2 > \hat{S}_f^2$ auf ihre statistische Signifikanz und damit auf ihre Aussagekraft geprüft werden (s. Abschnitt 3.3.3.).

Für $K = N$ und $n_i = \text{const}$ ist $\hat{S}_f^2 = 0$, da in diesem Falle das mathematische Modell immer in der Lage ist, die empirisch ermittelte Abhängigkeit der Mittelwerte der Zielgröße von den Einflußgrößen exakt wiederzugeben.

Die Berechnung der Modellparameter im Falle testpunktabhängiger Varianzen der Zielgröße ist im Anhang 7.1. angegeben. Der Fall einer in den Einflußgrößen linearen Wirkungsfläche im Rahmen des Modells B wird in 7.2. behandelt. Dabei wird eine Korrektur erster Ordnung für die nach Modell A gewonnenen Schätzwerte $\hat{p}_l$ infolge streuender Einflußgrößen gewonnen (Gleichung (A 10)).

3.3. Prüfung von Hypothesen über Modellparameter

Nachdem die Modellparameter geschätzt sind, besteht im allgemeinen die Aufgabe, die Verträglichkeit dieser Schätzungen mit bestimmten Annahmen zu prüfen. Jede solche Annahme wird als eine Hypothese formuliert. Meist ist zu entscheiden, ob der durch einen bestimmten Modellparameter p_l beschriebene Effekt „signifikant" ist, d. h. ob $p_l \neq 0$ ist. Zu diesem Zweck stellen wir die Hypothese H: $p_l = 0$ auf und prüfen, ob sie mit den Versuchsdaten verträglich ist oder nicht. Um gleich eine größere Anzahl von Fällen auf einmal abzuhandeln, betrachten wir Hypothesen über beliebige Linearkombinationen von Modellparametern.

3.3.1. Die einfache lineare Hypothese

Die zu prüfende Hypothese laute:

$$H: \qquad h \equiv h_0 + b_k p_k = 0 \tag{18}$$

Dabei sind h_0 und die b_k $(k = 0, 1, 2, \ldots, K-1)$ beliebige Koeffizienten. Die besten Schätzwerte $\tilde{p}_l$ der Modellparameter unter der Nebenbedingung (18) berechnen sich aus den bekannten Schätzwerten $\hat{p}_l$ wie folgt:

$$\tilde{p}_l = \hat{p}_l - \frac{D_{ls} b_s}{b_p b_q D_{pq}} \hat{h} \qquad \text{mit} \qquad \hat{h} = h_0 + b_k \hat{p}_k . \tag{19}$$

Zugleich ergibt sich für die entsprechenden Schätzwerte der Varianzen die Beziehung:

$$\widetilde{\sigma}^2 = \frac{\widetilde{S}^2}{N'-K+1}; \qquad \widetilde{S}^2 = \hat{S}^2 + \frac{\hat{h}^2}{b_p b_q D_{pq}} \tag{20}$$

D ist die zum vollständigen Versuchsplan (einschließlich Wiederholungsversuche) gehörende D-Matrix, d. h. die Umkehrmatrix von M aus (15). $N' = \sum_{i=1}^{N} n_i$ ist die Gesamtzahl der Versuche.

Die sogenannte Prüfgröße

$$F = \frac{N'-K}{1} \frac{\widetilde{S}^2 - \hat{S}^2}{\hat{S}^2} = \frac{N'-K}{\hat{S}^2} \frac{\hat{h}^2}{b_p b_q D_{pq}}; \qquad m_1 = 1, \; m_2 = N'-K \tag{21}$$

genügt bei Gültigkeit der Hypothese H einer sogenannten F-Verteilung mit den Freiheitsgraden m_1 und m_2. Wenn w (F) die Wahrscheinlichkeitsdichte dieser Verteilung bezeichnet, ist $\alpha = \int_{F_c}^{\infty} dF\, w(F)$ die Wahrscheinlichkeit dafür, bei Gültigkeit von H infolge statistischer Zufallschwankungen einen Wert $F > F_c$ zu finden. Wenn also z. B. tatsächlich $F > F_c$ gefunden wird, ist die Wahrscheinlichkeit dafür, daß dies Ergebnis zufällig zustande gekommen ist, kleiner als α. Mit anderen Worten: Wenn $F > F_c$ gefunden wird, kann die Hypothese H mit einer Irrtumswahrscheinlichkeit kleiner als α verworfen werden.

Da wir im allgemeinen Effekte der Einflußgrößen im Hinblick auf bestimmte Zielgrößen suchen und dabei nur an sicheren Effekten interessiert sind, entspricht die geschilderte Argumentationsweise genau der Aufgabenstellung: Wir geben eine zulässige Irrtumsmöglichkeit α vor, berechnen die Prüfgröße F aus den Versuchsdaten und vergleichen sie mit dem kritischen Wert $F_c(\alpha, m_1, m_2)$, der aus einer Tabelle entnommen wird (Anhang 7.4.). Ergibt sich $F > F_c$, so ist die Hypothese $h = 0$ zu verwerfen, d. h. der „Effekt" $h \neq 0$ ist (auf dem Signifikanzniveau α) gesichert.

Die Hypothese $h = 0$ läßt sich also umso eher verwerfen, je größer F ist. Wie aus (21) ersichtlich, ist der lediglich vom Versuchsplan abhängige Faktor von F durch $b_p b_q D_{pq}$ gegeben. Optimale Versuchspläne (d. h. solche mit möglichst kleinen Elementen D_{pq}) sind daher für das Auffinden statistisch signifikanter Wirkungen von Einflußgrößen günstig.

Bemerkung: Wegen der Beziehung $F_c(\alpha, m_1{=}1, m_2) = t_c^2(\alpha, m_2)$ kann die einfache lineare Hypothese auch mit dem sogenannten t-Test geprüft werden, wie das in der Literatur meist angegeben wird.

Für den Sonderfall der Hypothese

$$H: \quad p_\alpha = 0 \quad (\alpha - \text{beliebiger Index}) \tag{22}$$

ist $h_0 = 0$ und $b_k = \delta_{k\alpha}$ zu setzen. Damit wird $b_p b_q D_{pq} = D_{\alpha\alpha}$ (keine Summation!). Wenn im Modell der Wirkungsfläche von vornherein $p_\alpha = 0$ gesetzt wird, ergibt sich die Präzisionsmatrix $\widetilde{D}_{kl}$, deren Komponenten sich aus D_{kl} wie folgt berechnen:

$$\widetilde{D}_{kl} = D_{kl} - \frac{D_{k\alpha} D_{l\alpha}}{D_{\alpha\alpha}} \quad \text{(ohne Summenkonvention!)} \tag{23}$$

3.3.2. Die allgemeine lineare Hypothese

Es soll geprüft werden, ob zugleich r verschiedene (linear unabhängige) Linearkombinationen von Modellparametern verschwinden. Hierin ist natürlich auch der meist interessierende Sonderfall enthalten, daß r verschiedene Modellparameter p_l zugleich verschwinden. Die zu prüfende Hypothese lautet:

$$\text{H:} \quad h^\alpha = h_0^\alpha + b_k^\alpha p_k = 0, \qquad \alpha = 1, 2, \ldots, r; \qquad r \leqslant K \tag{24}$$

Wenn H zutrifft, bestimmen sich die Schätzwerte der Modellparameter folgendermaßen:

$$\widetilde{p}_l = \hat{p}_l - D_{ls} b_s^\alpha (\upsilon^{-1})^{\alpha\beta} \hat{h}^\beta \tag{25}$$

$$\hat{h}^\beta = h_0^\beta + b_k^\beta \hat{p}_k, \qquad \upsilon^{\alpha\beta} = b_q^\alpha D_{qs} b_s^\beta \tag{26}$$

Die Summenkonvention gilt hier auch für obere (griechische) Indizes. $(\upsilon^{-1})^{\alpha\beta}$ ist die Umkehrmatrix zu der in (26) definierten, r-dimensionalen Matrix $\upsilon^{\alpha\beta}$.

Die Prüfgröße für den F-Test berechnet sich wie folgt:

$$F = \frac{N'-K}{r} \frac{\widetilde{s}^2 - \hat{s}^2}{\hat{s}^2} = \frac{N'-K}{r} \frac{1}{\hat{s}^2} \hat{h}^\beta (\upsilon^{-1})^{\beta\gamma} \hat{h}^\gamma; \tag{27}$$

$$m_1 = r, \; m_2 = N'-K$$

Der Test selbst verläuft genau wie oben ausführlich erläutert.

Für den Sonderfall der Hypothese, daß zugleich r verschiedene Modellparameter verschwinden, deren Indizes mit griechischen Buchstaben gekennzeichnet seien, ergeben sich die Beziehungen:

$$\widetilde{p}_e = \hat{p}_e - D_{e\beta} (\upsilon^{-1})^{\beta\gamma} \hat{p}_\gamma; \quad F = \frac{N'-K}{r} \frac{1}{\hat{s}^2} \hat{p}_\beta (\upsilon^{-1})^{\beta\gamma} \hat{p}_\gamma \tag{28}$$

Dabei ist $\upsilon^{\alpha\beta} = D_{\alpha\beta}$. Die Präzisionsmatrix berechnet sich bei Gültigkeit der Hypothese zu

$$\widetilde{D}_{kl} = D_{kl} - D_{k\beta} (\upsilon^{-1})^{\beta\gamma} D_{\gamma l} \tag{29}$$

3.3.3. Die Hypothese der Modelladäquatheit

Wenn das mathematische Modell der Wirkungsfläche den gesuchten Zusammenhang wirklich zu beschreiben gestattet, genügt die Größe

$$F = \frac{N'-N}{N-K} \frac{\hat{S}_f^2}{\hat{S}_s^2}; \qquad m_1 = N-K, \qquad m_2 = N'-N \tag{30}$$

mit $N' = \sum_{i=1}^{N} n_i$ und N = Zahl der Testpunkte einer F-Verteilung mit den angegebenen Freiheitsgraden. Die zu prüfende Hypothese betrifft jetzt das Modell der Wirkungsfläche selbst:

H: Der Ansatz $z = p_l f_l(\varkappa)$ kann die wahre Wirkungsfläche adäquat beschreiben.

Der Test selbst verläuft genau wie in den voranstehenden Abschnitten: Wenn $F > F_c$ gefunden wird, ist H abzulehnen, im umgekehrten Falle wird H akzeptiert.

Falls H bestätigt wird, ergibt sich als erwartungstreuer Schätzwert $\hat{\sigma}^2$ der Modellvarianz σ^2:

$$\hat{\sigma}^2 = \frac{\hat{S}^2}{N'-K} \quad \text{mit } \hat{S}^2 \text{ aus (16)} \tag{31}$$

3.4. Konfidenzintervalle für Modellparameter

Wir betrachten eine beliebige Linearkombination von Modellparametern:

$$h = b_k p_k$$

Ihr Schätzwert $\hat{h} = b_k \hat{p}_k$ ist eine normalverteilte Zufallsgröße mit dem Mittelwert h und der Varianz $\sigma^2 b_k b_l D_{kl}$. Daraus folgt, daß die Größe

$$t = (\hat{h} - h) / \sqrt{\hat{\sigma}^2 b_k b_l D_{kl}}; \qquad m = N' - K \tag{32}$$

einer t-Verteilung mit $m = N' - K$ Freiheitsgraden genügt. Ein um den wahren Wert h symmetrisch gelegenes Konfidenzintervall mit dem Konfidenzniveau $1 - \alpha$ ergibt sich somit (zweiseitiger t-Test) zu

$$\begin{aligned} h &= \hat{h} \pm t_c(\alpha, m) \sqrt{\hat{\sigma}^2 b_k b_l D_{kl}} \\ &= \hat{h} \pm \sqrt{\hat{\sigma}^2 b_k b_l D_{kl}} \sqrt{F_c(\alpha, m_1 = 1, m_2 = m)} \end{aligned} \tag{33}$$

Der Sonderfall $h = p_\alpha$ ist mit $b_k = \delta_{k\alpha}$ in (33) enthalten.

4. Versuchsplanung und -auswertung

Die Lösung der allgemeinen Aufgabenstellung kann logisch nur so erfolgen:

a) Wähle versuchsweise ein Modell für die Wirkungsfläche, das den gesuchten Zusammenhang aufgrund vorliegender empirischer oder theoretischer Kenntnisse über das untersuchte System vermutlich darstellen kann.
b) Entwerfe einen im Hinblick auf das ausgewählte Modell optimalen Versuchsplan und führe die entsprechenden Experimente durch.
c) Schätze die Modellparameter und prüfe das heuristische Modell auf Adäquatheit.
d) Verändere (vereinfache oder erweitere) das Modell der Wirkungsfläche so lange, bis es dem empirischen Faktenmaterial angepaßt ist.
e) Falls das so gewonnene Modell den Ansprüchen nicht genügt, z. B. einen interessierenden Effekt nicht oder auf einem unzureichenden Signifikanzniveau liefert, muß entweder der experimentelle Aufwand (Versuchswiederholungen) erhöht werden oder nach bislang nicht berücksichtigten Einflußfaktoren gesucht werden.

Im Rahmen dieser Gesamtstrategie ist der Gegenstand der Versuchsplanung und -auswertung im engeren Sinne in den Schritten b), c) und d) enthalten. Dabei soll schon durch überlegte Auswahl des Versuchsplanes ein optimales Verhältnis von Aussagekraft und experimentellem Aufwand erreicht werden. Durch unüberlegte Versuchsführung werden nur sinnlos viele Daten mit geringem nutzbarem Informationswert angehäuft. Hauptziel der Versuchsplanung ist, die Modellparameter mit wenig Versuchen und größter Genauigkeit zu bestimmen. Ein sekundäres, aber insbesondere bei einer größeren Anzahl von Einflußfaktoren in zunehmendem Maße zu beachtendes Kriterium ist dabei der rechentechnische Aufwand. Mathematisch leiten sich die Optimalitätskriterien, wie schon mehrfach erwähnt, aus den Eigenschaften der D-Matrix bzw. M-Matrix ab. Wird z. B. der Versuchsplan so gewählt, daß M eine Diagonalmatrix wird (sogenannte orthogonale Versuchspläne), so zerfällt das Gleichungssystem (10) in entkoppelte und trivial auflösbare Bestimmungsgleichungen für die einzelnen Modellparameter. Zugleich wird auch D eine Diagonalmatrix, was nach (13) die statistische Unabhängigkeit aller Parameterschätzungen zur Folge hat und zugleich ihre sachlogische Interpretation erleichtert.

Wegen des Zusammenhanges der Diagonalglieder von D mit den Varianzen der Schätzwerte der Modellparameter, sind diese Diagonalglieder möglichst klein zu halten. Als globale Kriterien hierfür wären ein Minimum der Summe oder des Produktes der Diagonalglieder anzustreben. In Verallgemeinerung auf den Fall nichtdiagonaler Matritzen bedeutet das, entweder die Spur Sp D oder die Determinante /D/ minimal zu machen (sogenannte A-Optimalität bzw. D-Optimalität). Auf eine Reihe anderer möglicher Optimalitätskriterien soll hier nicht eingegangen werden (siehe z. B. [3], [7]).

Im allgemeinen kommt es beim versuchsplanenden Vorgehen auch gar nicht auf die strenge Einhaltung dieser Optimalitätsbedingungen an, da schon eine ungefähre Berücksichtigung solcher Gesichtspunkte einen wesentlichen Gewinn gegenüber unüberlegter Versuchsdurchführung bringt.

Zur Standardisierung der folgenden Versuchspläne definieren wir einen (R-dimensionalen) „Testwürfel" wie folgt: die Werte der Einflußgrößen mögen in folgenden Intervallen liegen,

$$a^i \leqslant x^i \leqslant b^i \qquad i = 1, 2, \ldots, R \tag{34}$$

die sachlogisch vorzugeben sind. Durch die lineare Transformation

$$\tilde{x}^i = \frac{2x^i - (a^i + b^i)}{b^i - a^i} \qquad i = 1, 2, \ldots, R \tag{35}$$

führen wir dimensionslose Einflußvariable ein, deren Werte zwischen −1 und +1 liegen. Hierdurch wird der direkte numerische Vergleich der Einflußstärken verschiedener Einflußgrößen möglich. Der Bereich $-1 \leqslant \tilde{x}^i \leqslant +1$ ($i = 1, 2, \ldots, R$) stellt geometrisch einen R-dimensionalen Würfel der Kantenlänge 2 dar, in bzw. auf dem alle Testpunkte liegen müssen. Im weiteren werden alle so normierten Einflußgrößen $\tilde{x}^i$ wieder einfach mit x^i bezeichnet.

Ohne a priori Kenntnisse über die Form der Wirkungsfläche wird man versuchen, sie durch Polynome der Einflußgrößen zu approximieren. Für diesen Fall werden jetzt weitgehend optimale Versuchspläne zusammengestellt.

4.1. Versuchspläne

In diesem Abschnitt stellen wir optimale Versuchspläne und die entsprechenden Auswertevorschriften zusammen. Als Kriterien dienen dabei eine möglichst geringe Versuchszahl bei geringem rechnerischen Aufwand. Der Bestimmung konstanter Glieder in Polynomen wird kein besonderer Genauigkeitsgrad beigemessen, da sie keine Aussagen über die relativen Einflußstärken der Einflußfaktoren enthalten.

Die Versuchspläne werden nach folgendem Schema angegeben:

Nr.	n	x^1	x^2	x^R
1	n_1	x_1^1	$x_1^2 \ldots$	x_1^R
2	n_2	x_2^1	$x_2^2 \ldots$	x_2^R
.	.	.	.	.
.	.	.	.	.
i	n_i	x_i^1	$x_i^2 \ldots$	x_i^R
.	.	.	.	.
.	.	.	.	.
.	.	.	.	.

Dabei bedeuten:

Nr. – Versuchsnummer

(n_i-1) – Zahl der Wiederholungen des i-ten Versuchs

x_i^k – Wert (Niveau) des Einflußfaktors x^k beim i-ten Versuch

Folgende Bezeichnungen und Abkürzungen werden generell verwendet:

VP – Versuchsplan

R – Zahl der Einflußfaktoren

K – Zahl der zu bestimmenden Parameter der Wirkungsfläche

N – Zahl der verwendeten Testpunkte ($N \geqslant K$)

± – Abkürzung für ±1

I_s – s-dimensionale Einheitsmatrix

M – Informationsmatrix nach (15)

D – M^{-1} (inverse Matrix zu M)

Z_k – Hilfsgrößen zur Berechnung der Modellparameter nach (15)

4.1.1. Lineare Wirkungsfläche

Modell: $z = p_0 + p_1 x^1 + p_2 x^2 + \ldots + p_R x^R$, $\quad K = R+1$

Parameterschätzungen: $\hat{p}_k = D_{kl} Z_l$, $\quad k = 0, 1, 2, \ldots, R$ (36)

$$Z_0 = \sum_{i=1}^{N} n_i \bar{z}_i, \qquad Z_k = \sum_{i=1}^{N} n_i \bar{z}_i x_i^k$$

Wenn die Zahl der Testpunkte nicht ausreicht, um die Reststreuung ($\hat{S}_f^2$) zu ermitteln, kann zu den VP der Versuchspunkt

Nr.	n	x^1	$x^2 \ldots x^R$
N+1	m	0	0 ... 0

hinzugefügt werden, der Zentralpunkt oder Zentrum des VP heißt. Dann sind lediglich folgende Änderungen vorzunehmen:

$$Z_0 \to Z_0 + m\bar{z}_{N+1}, \quad M_{00} \to M_{00} + m, \quad D_{00} \to D_{00}/(1 + mD_{00}). \quad (36a)$$

R = 1

VP:

Nr.	n	x^1
1	n	+
2	n	–

$M = 2n\ I_2, \qquad D = \frac{1}{2n}\ I_2$

R = 2

VP:

Nr.	n	x^1	x^2
1	n	+	+
2	n	+	–
3	n	–	+
4	n	–	–

$M = 4n\ I_3, \qquad D = \frac{1}{4n}\ I_3$

R = 3

VP:

Nr.	n	x^1	x^2	x^3
1	n	+	+	+
2	n	+	–	–
3	n	–	+	–
4	n	–	–	+

Durch Umkehr aller „Vorzeichen" ergibt sich ein anderer, gleichwertiger Plan.

$M = 4n\ I_4, \qquad D = \frac{1}{4n}\ I_4$

R = 4, 5, 6, 7

VP:

Nr.	n	x^1	x^2	x^3	x^4	x^5	x^6	x^7
1	n	+	+	+	+	+	+	+
2	n	+	+	–	–	+	–	–
3	n	+	–	+	–	–	+	–
4	n	+	–	–	+	–	–	+
5	n	–	+	+	–	–	–	+
6	n	–	+	–	+	–	+	–
7	n	–	–	+	+	+	–	–
8	n	–	–	–	–	+	+	+

$M = 8n\ I_{R+1}, \qquad D = \frac{1}{8n}\ I_{R+1}$

Jede beliebige Kombination aus R Spalten ergibt einen möglichen Versuchsplan für R Einflußgrößen. Wenn in einem so gewonnenen VP ein Versuch vorkommt, der aus irgendeinem Grunde experimentell nicht zu realisieren ist, läßt sich wie folgt ein neuer, gleichwertiger VP konstruieren, in dem der verbotene Versuchspunkt nicht mehr vorkommt:

- Die „verbotene" Zeile des VP laute $(e_1, e_2, \ldots, e_R)$ mit den Zahlen $e_i = \pm 1$.
- Suche eine Zeile $T = (a_1, a_2, \ldots, a_R)$ mit $a_i = \pm 1$, die im gegebenen VP nicht vorkommt.
- Transformiere den gegebenen VP mit der Zeile T durch Multiplikation der Spalte x^1 mit a_1, der Spalte x^2 mit a_2 usw. Es entsteht ein neuer VP, der keinen Versuchspunkt mit dem ursprünglichen VP gemeinsam hat. Wir nennen ihn kurz $V^{(1)}$.
- Wenn $V^{(1)}$ andere, ebenfalls nicht erwünschte oder nicht realisierbare Versuchspunkte enthält, dann ist eine neue Transformation $T^{(1)}$ zu suchen, die in $V^{(1)}$ nicht enthalten ist und nicht mit T übereinstimmt. Transformation von $V^{(1)}$ mit $T^{(1)}$ liefert einen neuen Versuchsplan $V^{(2)}$, der keinen Versuchspunkt mit $V^{(1)}$ und dem ursprünglichen VP gemeinsam hat.
- Falls bei der sukzessiven Beseitigung unerwünschter Versuchspunkte keine neuen, unerwünschten Versuchspunkte auftreten, lassen sich auf diese Weise einer oder mehrere verbotene Testpunkte systematisch ausschließen.

Für mehr als R = 7 Einflußgrößen sind optimale, orthogonale VP nach Plackett und Burman [8] wie folgt aus einer Anfangszeile konstruierbar: Nach Vorgabe der ersten Zeile des VP (Testpunkt Nr. 1) werden die anderen Testpunkte durch (N–2)-fache zyklische Permutation der Anfangszeile und anschließende Addition einer Zeile (–, –, –, ..., –) erzeugt. Für N = 12, 16, 20, 24 lauten die Anfangszeilen wie folgt:

N = 12: + + – + + + – – – + –
N = 16: + + + + – + – + + – – + – – –
N = 20: + + – – + + + + – + – + – – – – + + –
N = 24: + + + + + – + – + + – – + + – – + – + – – – –

Damit ergeben sich z. B. für den Fall N = 12 die ersten drei Testpunkte:

Nr.	
1	+ + – + + + – – – + –
2	+ – + + + – – – + – +
3	– + + + – – – + – + +

Das umseitig beschriebene Vorgehen zur Erzeugung weiterer, gleichwertiger VP mit Elimination verbotener Testpunkte ist auch für die Plackett-Burman-Pläne anwendbar.

Bei gleicher Multiplizität n der Testpunkte gilt

$$M = Nn\ I_{R+1}, \qquad D = \frac{1}{Nn}\ I_{R+1} \tag{37}$$

4.1.2. Sattelpunktflächen

Ein Polynom, welches keine Potenzen der Einflußgrößen, jedoch beliebige Produkte beliebig hoher Ordnung verschiedener Einflußgrößen enthält, kann schon recht komplexe Wirkungsflächen beschreiben. Allerdings können die durch solche Polynome dargestellten Wirkungsflächen keine echten Maxima oder Minima im Innern des Testwürfels besitzen, wohl aber beliebige Sattelpunkte. Für R = 3 Einflußgrößen lautet das allgemeinste derartige Polynom:

$$z = p_0 + p_1 x^1 + p_2 x^2 + p_3 x^3 + p_4 x^1 x^2 + p_5 x^1 x^3 + p_6 x^2 x^3 + p_7 x^1 x^2 x^3 \tag{38}$$

Im allgemeinen Falle enthält es $K = 2^R$ Parameter. Die in den x^i linearen Terme heißen „Hauptwirkungen", die restlichen (außer p_0) „Wechselwirkungen". Bei einem n-fachen Produkt wird von Wechselwirkungen (n–1)-ter Ordnung gesprochen.

Die Zielgröße nimmt ihre Maximal- und Minimalwerte an Eckpunkten des Testwürfels an.

Zur Bestimmung der $K = 2^R$ Parameter der allgemeinsten Wirkungsfläche vom Typ (38) werden mindestens K Testpunkte benötigt. Beim optimalen Plan sind dies die 2^R Eckpunkte des Testwürfels (sogenannte vollständige faktorielle Pläne mit 2 Niveaus pro Einflußgröße). Werden nicht alle Eckpunkte besetzt, so treten sogenannte „Vermengungen" von Haupt- und Wechselwirkungen auf derart, daß z. B. der Effekt von x^1 nicht von dem der Wechselwirkung $x^1 x^2 x^3$ getrennt werden kann. Wenn aus sachlogischen Gründen Wechselwirkungen 2. Ordnung für die Beschreibung des Wirkungszusammenhanges ausgeschlossen bzw. vernachlässigt werden können, würde eine solche Vermengung nicht weiter interessieren. Dagegen wird es meist von Interesse sein, Hauptwirkungen und Wechselwirkungen 1. Ordnung zu trennen.

Im folgenden werden Pläne angegeben, für die die Hauptwirkungen unvermengt mit den Wechselwirkungen 1. Ordnung ermittelt werden können. Dabei werden im allgemeinen die Hauptwirkungen mit gewissen Wechselwirkungen 2. Ordnung und die Wechselwirkungen 1. Ordnung untereinander vermengt sein.

Das allgemeine Modell der Wirkungsfläche werde wie folgt formuliert:

$$z = p_0 + p_l x^l + p_{lk} x^l x^k + p_{lkr} x^l x^k x^r + \dots \qquad (39)$$
$$\qquad\qquad (l < k) \qquad (l < k < r)$$

(Summenkonvention mit Summierung von 1 bis R).

Bei gleicher Anzahl n–1 von Versuchswiederholungen pro Testpunkt berechnen sich die Schätzwerte der Modellparameter für alle angegebenen VP wie folgt:

$$\hat{p}_0 = \frac{1}{N} \sum_{i=1}^{N} \bar{z}_i \qquad \hat{p}_l = \frac{1}{N} \sum_{i=1}^{N} \bar{z}_i x_i^l$$

$$\hat{p}_{lk} = \frac{1}{N} \sum_{i=1}^{N} \bar{z}_i x_i^l x_i^k \qquad \hat{p}_{lkr} = \frac{1}{N} \sum_{i=1}^{N} \bar{z}_i x_i^l x_i^k x_i^r \qquad (40)$$

Die Werte der Produkte $x_i^l x_i^k$, $x_i^l x_i^k x_i^r$ usw. sind aus den VP leicht zu bestimmen. Die Matrix D ist durch

$$D = \frac{1}{n\,N} I_K \qquad (41)$$

gegeben.

Wird dem VP der Zentralpunkt

Nr.	n	x^1	x^2	$x^3 \dots x^R$
N+1	m	0	0	0 ... 0

hinzugefügt, so sind lediglich folgende Änderungen vorzunehmen:

$$D_{00} \rightarrow \frac{1}{nN + m}, \qquad \hat{p}_0 \rightarrow \frac{nN\hat{p}_0 + m\,\bar{z}_{N+1}}{nN + m} \qquad (42)$$

<u>R = 2</u> VP:

Nr.	n	x^1	x^2
1	n	+	+
2	n	+	–
3	n	–	+
4	n	–	–

Die beiden Hauptwirkungen und die Wechselwirkung sind unvermengt bestimmbar.

$\underline{R = 3, 4}$ VP:

Nr.	n	x^1	x^2	x^3	x^4
1	n	+	+	+	+
2	n	+	+	–	–
3	n	+	–	+	–
4	n	+	–	–	+
5	n	–	+	+	–
6	n	–	+	–	+
7	n	–	–	+	+
8	n	–	–	–	–

Für die links von der senkrechten Linie stehenden Einflußgrößen können alle Haupt- und Wechselwirkungen unvermengt bestimmt werden.

Für die Einflußgrößen x^1, x^2, x^3, x^4 treten folgende Vermengungen auf, die durch Gleichheitszeichen bezeichnet werden:

$$\begin{array}{ll} x^1x^2 = x^3x^4 & x^1 = x^2x^3x^4 \\ x^1x^3 = x^2x^4 & x^2 = x^1x^3x^4 \\ x^1x^4 = x^2x^3 & x^3 = x^1x^2x^4 \\ & x^4 = x^1x^2x^3 \end{array}$$

Mit dem vorliegenden VP könnte also, wenn Wechselwirkungen 2. Ordnung nicht interessieren, folgendes, allgemeinstes Polynom bestimmt werden:

$$z = p_0 + p_1x^1 + p_2x^2 + p_3x^3 + p_4x^4 + \begin{Bmatrix} p_{12}x^1x^2 \\ p_{34}x^3x^4 \end{Bmatrix} + \begin{Bmatrix} p_{13}x^1x^3 \\ p_{24}x^2x^4 \end{Bmatrix} + \begin{Bmatrix} p_{14}x^1x^4 \\ p_{23}x^2x^3 \end{Bmatrix}$$

wobei die Terme in geschweiften Klammern vom VP nicht unterschieden werden können. Das muß natürlich bei der inhaltlichen Interpretation des Wirkungszusammenhanges beachtet werden. Zur abkürzenden Kennzeichnung des durch einen VP zu ermittelnden allgemeinsten Polynoms und der dabei auftretenden Vermengungen schreiben wir obige Wirkungsfläche in der Form

$$\left(0,\ 1,\ 2,\ 3,\ 4,\ \frac{12}{34},\ \frac{13}{24},\ \frac{14}{23}\right) \qquad (43)$$

die, mit sofort verständlichen Verallgemeinerungen, im weiteren verwendet wird.

Es ist darauf hinzuweisen, daß der Nulleffekt, beschrieben durch p_0, nicht von eventuell vorhandenen rein quadratischen Effekten getrennt werden kann. Das heißt in (43) wäre genauer

$$0 \rightarrow \begin{matrix} 0 \\ 11 \\ 22 \\ 33 \\ 44 \end{matrix}$$

zu ersetzen. Im weiteren wird diese generell vorliegende Vermengung nicht besonders angegeben. Sie kann durch Ergänzung des VP durch den Zentralpunkt (0, 0, 0, ..., 0) aufgehoben werden. Damit kann nämlich im Ansatz (39) noch zusätzlich ein rein quadratisches Glied, etwa $p'_1 x^1 x^1$ ermittelt werden, das jedoch mit den restlichen rein quadratischen Gliedern vermengt ist. Wir schreiben dann

$$p_0 \rightarrow p_0 + p_{NN} \left\{ \begin{matrix} x^1 x^1 \\ \vdots \\ x^R x^R \end{matrix} \right\}$$

und es gilt

$$D_{00} = \frac{1}{m} \qquad \hat{p}_0 = \bar{z}_{N+1}$$

$$D_{NN,NN} = \frac{nN+m}{nmN} \qquad \hat{p}_{NN} = \frac{1}{N} \sum_{i=1}^{N} \bar{z}_i - \bar{z}_{N+1} \tag{44}$$

R = 4, 5, 6, 7, 8 VP:

Nr.	n	x^1	x^2	x^3	x^4	x^5	x^6	x^7	x^8
1	n	+	+	+	+	+	+	+	+
2	n	+	+	+	−	+	−	−	−
3	n	+	+	−	+	−	+	−	−
4	n	+	+	−	−	−	−	+	+
5	n	+	−	+	+	−	−	+	−
6	n	+	−	+	−	−	+	−	+
7	n	+	−	−	+	+	−	−	+
8	n	+	−	−	−	+	+	+	−
9	n	−	+	+	+	−	−	−	+
10	n	−	+	+	−	−	+	+	−
11	n	−	+	−	+	+	−	+	−
12	n	−	+	−	−	+	+	−	+
13	n	−	−	+	+	+	+	−	−
14	n	−	−	+	−	+	−	+	+
15	n	−	−	−	+	−	+	+	+
16	n	−	−	−	−	−	−	−	−

1. R = 4: Für die links von der senkrechten Linie stehenden Einflußgrößen können sämtliche Haupt- und Wechselwirkungen bestimmt werden.
2. R = 5: Für die Einflußgrößen $x^1 \ldots x^5$ ergibt sich:

$$\left(0, 1, 2, 3, 4, 5, 14, 24, 34, 45, \begin{matrix}12 & 13 & 15\\ 35' & 25' & 23'\end{matrix} \;\middle|\; \begin{matrix}124 & 134 & 234\\ 345' & 245' & 245\end{matrix}\right)$$

Die nach dem Strich angegebenen Wechselwirkungen 2. Ordnung könnten zusätzlich und unvermischt mit den Hauptwirkungen und Wechselwirkungen 1. Ordnung ermittelt werden.
3. R = 6: Für die Einflußgrößen $x^1 \ldots x^6$ ergibt sich:

$$\left(0, 1, 2, 3, 4, 5, 6, \begin{matrix}12\\ 35\\ 46\end{matrix}, \begin{matrix}13 & 14 & 15 & 16 & 34 & 36\\ 25' & 26' & 23' & 24' & 56' & 45'\end{matrix} \;\middle|\; \begin{matrix}136 & 236\\ 256 & 156\\ 234' & 134\\ 145 & 245\end{matrix}\right)$$

4. R = 7: Für die Einflußgrößen $x^1 \ldots x^7$ ergibt sich

$$\left(0, 1, 2, 3, 4, 5, 6, 7, \begin{matrix}12 & 13 & 14 & 15 & 16 & 17 & 27\\ 35, & 25, & 26, & 23, & 24, & 34, & 45,\\ 46 & 47 & 37 & 67 & 57 & 56 & 36\end{matrix} \;\middle|\; \begin{matrix}127\\ 136\\ 145\\ 234\\ 256\\ 357\\ 467\end{matrix}\right)$$

5. R = 8: Für die Einflußgrößen $x^1 \ldots x^8$ ergibt sich:

$$\left(0, 1, 2, 3, 4, 5, 6, 7, 8, \begin{matrix}12 & 13 & 14 & 15 & 16 & 17 & 18\\ 35 & 25 & 26 & 23 & 24 & 34 & 36\\ 46' & 47' & 37' & 67' & 57' & 56' & 27\\ 78 & 68 & 58 & 48 & 38 & 28 & 45\end{matrix}\right)$$

R = 5, 6, ... 16

Anstatt den VP explizit anzugeben, sei seine Konstruktionsvorschrift erläutert. In Analogie zu den bisher betrachteten Fällen erzeugen wir die ersten 5 Spalten für x^1 bis x^5 indem wir, mit + beginnend, die Vorzeichen alternativ in Gruppen zu 2^{5-n} (n = Spaltennummer) ändern, bis die Versuchszahl N = 32 erreicht ist. Die Spalten x^6 bis x^{16} erzeugen wir durch die Multiplikation der Spalten x^1 bis x^5 wie folgt, wobei wir nur Indizes hinschreiben:

6 = 1 · 2 · 3 · 4 · 5	12 = 1 · 3 · 5
7 = 1 · 2 · 3	13 = 2 · 3 · 5
8 = 1 · 2 · 4	14 = 1 · 4 · 5
9 = 1 · 3 · 4	15 = 2 · 4 · 5
10 = 2 · 3 · 4	16 = 3 · 4 · 5
11 = 1 · 2 · 5	

R = 5: Für die Einflußgrößen $x^1 \dots x^5$ können sämtliche Haupt- und Wechselwirkungen unvermengt bestimmt werden.

R = 6: Für $x^1 \dots x^6$ können alle Hauptwirkungen und Wechselwirkungen 1. Ordnung unvermengt bestimmt werden. Die Hauptwirkungen sind nicht mit Wechselwirkungen 2. Ordnung vermengt.

R = 7, 8, ... 16: Für diese Fälle sind immer einige Hauptwirkungen mit Wechselwirkungen 2. Ordnung und einige Wechselwirkungen 1. Ordnung untereinander vermengt. Das Vermengungsschema der Wechselwirkungen 1. Ordnung ist in folgender Tabelle angegeben, aus der ersichtlich ist, wie mit zunehmender Anzahl von Einflußgrößen der Vermengungsgrad wächst.

$x^1 \dots x^6$:	12	13	14	15	16	23	24	25	26	34	35	36	45	46	56
$x^1 \dots x^7$:	37	27				17							67	57	47
$x^1 \dots x^8$:	48		28				18			78	68	58			38
$x^1 \dots x^9$:		49	39			89	79	69	59	19					29
$x^1 \dots x^{10}$:	9a	8a	7a	6a	5a	4a	3a			2a					1a
$x^1 \dots x^{11}$:	5b			2b	9b			1b	ab	6b	7b	4b	8b	3b	
$x^1 \dots x^{12}$:		5c		3c	8c	bc	6c	7c	4c		1c	ac	9c	2c	
$x^1 \dots x^{13}$:	cd	bd	6d	7d	4d	5d		3d	8d		2d	9d	ad	1d	
$x^1 \dots x^{14}$:			5e	4e	7e	6e	be	8e	3e	ce	9e	2e	1e	ae	de
$x^1 \dots x^{15}$:	ef	6f	bf	8f	3f		5f	4f	7f	df	af	1f	2f	9f	cf
$x^1 \dots x^{16}$:	6g	eg	cg	9g	2g	fg	dg	ag	1g	5g	4g	7g	3g	8g	bg

Tabelle: Vermengungsschema für Wechselwirkungen 1. Ordnung.
Für die links angegebenen Einflußgrößen sind die in der entsprechenden Zeile stehenden Wechselwirkungen 1. Ordnung mit allen darüber stehenden vermengt.
Dabei bedeuten:

a = 10	e = 14
b = 11	f = 15
c = 12	g = 16
d = 13	

4.1.3. Quadratische Wirkungsflächen

Ein vollständiges Polynom 2. Grades in R Einflußgrößen enthält K = (R+1) (R + 2)/2 zu bestimmende Parameter. Dies ist zugleich die Mindestzahl der Testpunkte. In Abschnitt 4.1.2. wurde gezeigt, wie man durch Hinzunahme des Zentralpunktes

Nr.	n	x^1	$x^2 \dots x^R$
N+1	m	0	$0 \dots 0$

(45)

zu den dort angegebenen „Grundversuchen" ein vermengtes quadratisches Glied bestimmen kann, dessen Koeffizient im Modell der Wirkungsfläche mit p_{NN} bezeichnet werde. Zur Auflösung dieser Vermengung können ergänzende Zusatzexperimente gemacht werden, die wie folgt definiert werden sollen:

1. Ergänzung: VP

Nr.	n	x^1	x^2	$x^3 \dots x^R$
N+2	q_1	+	0	$0 \dots 0$
N+3	q_1	–	0	$0 \dots 0$

(46)

Mit dieser Ergänzung wird folgende Aufspaltung des vermengten quadratischen Terms ermöglicht:

$$p_{NN} \left\{ \begin{matrix} x^1 x^1 \\ \vdots \\ x^R x^R \end{matrix} \right\} \rightarrow p_1' \, x^1 x^1 + p_{NN}' \left\{ \begin{matrix} x^2 x^2 \\ \vdots \\ x^R x^R \end{matrix} \right\}$$

2. Ergänzung: VP

Nr.	n	x^1	x^2	$x^3 \dots x^R$
N+2	q_1	+	0	$0 \dots 0$
N+3	q_1	–	0	$0 \dots 0$
N+4	q_2	0	+	$0 \dots 0$
N+5	q_2	0	–	$0 \dots 0$

Damit wird folgende Aufspaltung möglich:

$$p_{NN} \left\{ \begin{matrix} x^1 x^1 \\ \vdots \\ x^R x^R \end{matrix} \right\} \rightarrow p_1' \, x^1 x^1 + p_2' \, x^2 x^2 + p_{NN}' \left\{ \begin{matrix} x^3 x^3 \\ \vdots \\ x^R x^R \end{matrix} \right\}$$

Analog sind weitere Ergänzungen mit entsprechenden, weitergehenden Aufspaltungen des quadratischen Terms zu definieren. Auf diese Weise wird eine systematische Analyse des zunächst vollständig vermengten quadratischen Effektes möglich. Für eine vollständige Auflösung des quadratischen Terms ist offenbar die (R – 1)-te Ergänzung ausreichend. Im folgenden wird dargelegt, wie die Aufspaltung rechnerisch aufgrund der Ergebnisse der Ergänzungsversuche erfolgt. Den (N + 1)-ten Versuchspunkt (Zentrum) (45) wollen wir zum Grundversuch rechnen. Letzterer muß einen vollständig orthogonalen VP besitzen. Folgende Bezeichnungen werden verwendet:

s – Nr. der Ergänzung
N+1 – Zahl der Testpunkte des Grundversuchs (einschließlich Zentrum)
n – Multiplizität der ersten N Testpunkte des Grundversuchs
K – Anzahl der im Grundversuch bestimmten Parameter ($K \leqslant N + 1$)
$\hat{p}$ – Schätzwerte der Parameter p aufgrund des Grundversuchs
$\widetilde{p}$ – Schätzwerte der Parameter p aufgrund des Gesamtversuchs

Für $s < R$ (nicht bei $s = R$!) gelten folgende Beziehungen:

$$\left.\begin{aligned}
&\widetilde{p}_0 = \hat{p}_0 \\
&\widetilde{p}'_i = \frac{1}{2}(\bar{z}_{N+2i} + \bar{z}_{N+2i+1}) - \hat{p}_0 && (i = 1, 2, \ldots s) \\
&\widetilde{p}'_{NN} = \hat{p}_{NN} - \sum_{i=1}^{s} \widetilde{p}'_i \\
&\widetilde{p}_i = \frac{Nn\hat{p}_i + q_i(\bar{z}_{N+2i} - \bar{z}_{N+2i+1})}{Nn + 2q_i} && (i = 1, 2, \ldots s) \\
&\text{für alle anderen Parameter gilt: } \widetilde{p} = \hat{p}
\end{aligned}\right\} \quad (47)$$

$\bar{z}_k$ ist der Mittelwert der Zielgröße am Testpunkt Nr. k.
Wenn wir die Parameter der Wirkungsfläche in folgender Weise benennen:

$$z = p_0 + p_1 x^1 x^1 + p_2 x^2 x^2 + \ldots + p_s x^s x^s + p_{s+1} \begin{Bmatrix} x^{s+1} x^{s+1} \\ \vdots \\ x^R x^R \end{Bmatrix}$$

$$+ p_{s+2} x^1 + p_{s+3} x^2 + \ldots + p_{s+R+1} x^R + \text{Rest}$$

zerfällt die Präzisionsmatrix D wie folgt in Untermatritzen, deren Dimension als Index angegeben ist:

$$D = \begin{pmatrix} D_{(s+2)} & 0 \\ 0 & D_{(N-1)} \end{pmatrix}, \qquad D_{(N-1)} = \begin{pmatrix} D_{(s)} & 0 \\ 0 & I_{(N-1-s)} \\ & \overline{\;Nn\;} \end{pmatrix} \quad (48)$$

Dabei ist D_{N-1} eine Diagonalmatrix mit

$$(D_{(s)})_{s+1+i,\, s+1+i} = 1/(Nn + 2q_i) \qquad (i = 1, 2, \ldots s)$$

Die Komponenten der Nichtdiagonalmatrix $D_{(s+2)}$ ergeben sich zu:

$$D_{00} = \frac{1}{m}$$

$$\left.\begin{aligned} D_{ii} &= \frac{1}{m\,2q_i}\,(m + 2q_i) \\ D_{0i} &= -\,D_{00} \\ D_{ik} &= D_{00} \\ D_{i,s+1} &= -\,\frac{1}{m\,2q_i}\,(m + 2q_i(s-1)) \end{aligned}\right\} \quad i, k = 1, 2, \ldots s \qquad (49)$$

$$D_{0,s+1} = (s-1)\, D_{00}$$

$$D_{s+1,s+1} = \sum_{i=1}^{s} \frac{1}{2q_i} + \frac{m + Nn(s-1)^2}{Nnm}$$

Die Größe $\hat{S}_f^2$ des Grundversuchs wird durch die s-te Ergänzung zu $\tilde{S}_f^2$ vergrößert:

$$\begin{aligned} \tilde{S}_f^2 &= \hat{S}_f^2 + Nn \sum_{r=1}^{s} \frac{2q_r}{Nn+2q_r}\,(\hat{p}_r - \frac{1}{2}\,(\bar{z}_{N+2r} - \bar{z}_{N+2r+1}))^2 \\ &= \hat{S}_f^2 + \frac{1}{Nn} \sum_{r=1}^{s} 2q_r(Nn + 2q_r)\,(\tilde{p}_r - \frac{1}{2}\,(\bar{z}_{N+2r} - \bar{z}_{N+2r+1}))^2 \qquad (50) \\ &= S_f^2 + Nn \sum_{r=1}^{s} \frac{Nn + 2q_r}{2q_r}\,(\tilde{p}_r - \hat{p}_r)^2 \end{aligned}$$

Die Größe $\hat{S}_s^2$ ändert sich wie folgt:

$$\tilde{S}_s^2 = \hat{S}_s^2 + \sum_{r=1}^{s} \sum_{l=1}^{q_r} ((z_{N+2r,l} - \bar{z}_{N+2r})^2 + (z_{N+2r+1,l} - \bar{z}_{N+2r+1})^2) \qquad (51)$$

wobei der Index l die verschiedenen Testpunktwiederholungen numeriert. Die Prüfgröße für den Test auf Modelladäquatheit ergibt sich zu

$$F = \frac{m_2}{m_1}\,\frac{\tilde{S}_f^2}{\tilde{S}_s^2} \quad \text{mit } m_1 = N+1-K+s, \quad m_2 = N(n-1) + m - 1 + 2\sum_{r=1}^{s} (q_r - 1) \qquad (52)$$

Bei Adäquatheit des Modells der Wirkungsfläche ergibt sich als Schätzwert der Modellvarianz

$$\tilde{\sigma}^2 = \frac{\tilde{S}_f^2 + \tilde{S}_s^2}{Nn + m + \sum_{r=1}^{s} 2q_r - (K+s)} \tag{53}$$

4.2. Versuchsauswertung

In diesem Abschnitt soll hauptsächlich die in Punkt d) auf Seite 27 genannte Aufgabe betrachtet werden. Es muß darauf hingewiesen werden, daß jede Versuchsauswertung natürlich unter sachlogischen Aspekten zu erfolgen hat. Hier können deshalb nur einige methodische Hinweise gegeben werden, welche die formale, aber nicht die inhaltliche Seite der Versuchsauswertung betreffen.

4.2.1. Modellreduktion

Wenn sich das gewählte Modell der Wirkungsfläche als adäquat erweist, können eventuell einige Terme gestrichen werden. Ohne sachlogische Argumente dafür, welche Glieder zu vernachlässigen sind, ist es vernünftig, die Terme mit den betragsmäßig kleinsten Werten $\hat{p}_i$ (außer $\hat{p}_0$) fortlaufend so lange zu streichen, bis das Modell gerade noch adäquat ist. Die durch diese (gestrichenen) Terme repräsentierten Effekte sind dann (einzeln und in ihrer Summe) nicht signifikant. In ähnlicher Weise kann auch versucht werden, möglichst viele sachlich schwer interpretierbare Terme zu streichen. Die Vorgehensweise ergibt sich im allgemeinen Falle aus Abschnitt 3.3.2. Für den Fall orthogonaler Versuchspläne mit Zentralpunkt $\underline{r} = (0, 0, \ldots 0)$ (Abschnitte 4.1.1. und 4.1.2.) vereinfacht sie sich wie folgt:

1. Setze versuchsweise einige (Anzahl r') Parameter p_α im Modellansatz der Wirkungsfläche Null.
2. Berechne

$$\tilde{S}_{r'}^2 = \sum_{\alpha} S_\alpha^2$$

wobei: für $\alpha = NN$ $\quad S_{NN}^2 = \frac{Nnm}{Nn+m}\, \hat{p}_{NN}^2$ (54)

für $\alpha \neq NN$ $\quad S_\alpha^2 = Nn\, \hat{p}_\alpha^2$ ist.

3. Streiche so lange Parameter p_α (nach sachlogischen Gesichtspunkten oder mit wachsender Größe der $|\hat{p}_\alpha|$), wie

$$F = \frac{Nn + m - K}{N + 1 + r' - K} \, \frac{\tilde{S}_{r'}^2}{\hat{S}_s^2} < F_c(\alpha', m_1, m_2) \qquad \begin{aligned} m_1 &= N{+}1{-}K{+}r' \\ m_2 &= Nn{+}m{-}K \\ \alpha' &= \text{Irrtumsrisiko} \end{aligned} \tag{55}$$

bleibt. Auf diese Weise seien insgesamt r Parameter gestrichen worden. Als Schätzwert der Gesamtvarianz ergibt sich

$$\tilde{\sigma}^2 = \frac{\tilde{S}_r^2 + \hat{S}_s^2}{Nn+m-K+r} \qquad (56)$$

Für die Plackett-Burman-Pläne aus Abschnitt 4.1.1. ist K = R+1 und für die Pläne aus Abschnitt 4.1.2. $K = N+1-\delta_{mo}$. Für Pläne ohne Zentralpunkt ist m = 0 (und $\alpha \neq NN$) zu setzen.

4. Die Schätzwerte der übrig gebliebenen Parameter berechnen sich zusammen mit ihren Standardabweichungen wie folgt ($\hat{p}$ – Parameter aufgrund des Grundversuchs, $\tilde{p}$ – Parameter nach Modellreduktion):

$$\text{für } l \neq 0, \text{ NN}: \tilde{p}_l = \hat{p}_l \pm \frac{\tilde{\sigma}}{\sqrt{Nn}}$$

Wenn p_{NN} unter den gestrichenen Parametern ist:

$$\tilde{p}_0 = \hat{p}_0 + \frac{Nn}{Nn+m}\hat{p}_{NN} \pm \frac{\tilde{\sigma}}{\sqrt{Nn+m}}$$

Wenn p_{NN} nicht unter den gestrichenen Parametern ist: (57)

$$\tilde{p}_0 = \hat{p}_0 \pm \frac{\tilde{\sigma}}{\sqrt{m}}$$

$$\tilde{p}_{NN} = \hat{p}_{NN} \pm \tilde{\sigma}\sqrt{\frac{Nn+m}{Nnm}}$$

4.2.2. Modellkorrektur

Wenn ein Versuchsplan später durch Zusatzversuche ergänzt wird, müssen die Modellparameter im allgemeinen neu berechnet werden. Das kann sehr aufwendig werden, wenn die Orthogonalität des Versuchsplans durch Zusatzversuche zerstört wird. Bei wenigen (im Vergleich zur Anzahl der Testpunkte des ursprünglichen Versuchsplans) Zusatzversuchen werden deren Ergebnisse jedoch leichter durch eine Korrektur $\delta\hat{p}_k$ der Schätzwerte der Modellparameter (die aufgrund des ursprünglichen VP erhalten wurden) berücksichtigt. $\delta\hat{p}_k$ ergibt sich für beliebige Versuchspläne zu

$$\delta\hat{p}_k = D_{kl} \sum_i n_i(\bar{z}_i - \hat{z}_i) f_l(\varkappa_i) \qquad (58)$$

Dabei ist D_{kl} die Präzisionsmatrix des ursprünglichen Versuchsplans, $\bar{z}_i$ der Mittelwert der Zielgröße beim i-ten Zusatzversuch und $\hat{z}_i = \hat{p}_l f_l(\varkappa_i)$ die Voraussage über das Ergebnis dieses Versuches aufgrund des ursprünglichen Modells der Wirkungsfläche. Die Summation erfolgt über alle Zusatzversuche.

Bei orthogonalen Versuchsplänen wird D eine Diagonalmatrix und die Berechnung der Korrekturen sehr einfach.

(58) ist eine Korrektur im Sinne einer Störungsrechnung 1. Ordnung. Ob sie ausreicht, hängt vom Ergebnis ab. Bei großen prozentualen Korrekturen interessierender Parameter empfiehlt sich eine Neuberechnung.

4.2.3. Auflösung vermengter Effekte

Eine häufige Situation besteht darin, daß sich vermengte Effekte als signifikant erweisen. Das wirft für die Interpretation Probleme auf, die im allgemeinen nur durch Zusatzexperimente behoben werden können. Die systematische Analyse von Vermengungen rein quadratischer Terme der Wirkungsfläche wurde bereits in Abschnitt 4.1.3. behandelt. Hier sollen einige Hinweise zur gezielten Auflösung vermengter Wechselwirkungen 1. Ordnung mit Hilfe von Zusatzversuchen gegeben werden. Dabei gilt generell: Wenn eine Auflösung von Vermengungen mit wenigen Zusatzversuchen erfolgen soll, muß ein erhöhter Rechenaufwand in Kauf genommen werden, da sich die Orthogonalität des Gesamtplans nicht aufrecht erhalten läßt. Zur Auflösung von Vermengungen bei Wahrung der Orthogonalität siehe z. B. [2]. Wir betrachten orthogonale Versuchspläne für $R \geqslant 4$ nach Abschnitt 4.1.2. und setzen voraus, daß Wechselwirkungen höherer Ordnung nicht interessieren. x^i, x^k und x^l mit $i \neq k \neq l$ seien 3 beliebige Einflußgrößen. Wir definieren eine Ergänzung des ursprünglichen Versuchsplans wie folgt:

Nr.	n	x^i	x^k	x^l	x^{Rest}
N+1	q	+	+	+	0
N+2	q	+	–	–	0
N+3	q	–	+	–	0
N+4	q	–	–	+	0

(59)

Wenn wir die Gesamtheit aller mit $x^p x^q$ vermengten Wechselwirkungen 1. Ordnung kurz mit $\underline{x^p x^q}$ bezeichnen und im weiteren nur noch Indizes aufschreiben, können die durch (59) ermöglichten Auflösungen von Vermengungen wie folgt beschrieben werden:

$$\binom{ik}{\underline{ik}} \rightarrow (ik, \underline{ik}), \quad \binom{il}{\underline{il}} \rightarrow (il, \underline{il}), \quad \binom{kl}{\underline{kl}} \rightarrow (kl, \underline{kl}) \tag{60}$$

Zur Berechnung der neuen Schätzwerte der Parameter der Wirkungsfläche definieren wir noch:

$$(i) = kl, \qquad (k) = il, \qquad (l) = ik \tag{61}$$

Ferner sei:

N – Zahl der Testpunkte des ursprünglichen Versuchsplanes

n – Multiplizität der Testpunkte des ursprünglichen Versuchsplanes

$\hat{p}$ – Schätzungen der Modellparameter aufgrund des ursprünglichen VP

$\tilde{p}$ – Parameterschätzungen aufgrund des Gesamtversuchs (einschließlich der Ergänzung (59))

Es gilt:

$$\left.\begin{aligned}
&\tilde{p}_l = \hat{p}_l \text{ für } l = 1, 2, \ldots R, \text{ d. h. für alle Hauptwirkungen}\\
&\tilde{p}_0 = \frac{1}{Nn+4q}\left(Nn\hat{p}_0 + q(\bar{z}_{N+1} + \bar{z}_{N+2}) + q(\bar{z}_{N+3} + \bar{z}_{N+4})\right)\\
&\tilde{p}_{(i)} = \frac{1}{4\cdot q}\left(q(\bar{z}_{N+1} + \bar{z}_{N+2}) - q(\bar{z}_{N+3} + \bar{z}_{N+4})\right) - \hat{p}_i\\
&\tilde{p}_{(k)} = \frac{1}{4\cdot q}\left(q(\bar{z}_{N+1} - \bar{z}_{N+2}) + q(\bar{z}_{N+3} - \bar{z}_{N+4})\right) - \hat{p}_k\\
&\tilde{p}_{(l)} = \frac{1}{4\cdot q}\left(q(\bar{z}_{N+1} - \bar{z}_{N+2}) - q(\bar{z}_{N+3} - \bar{z}_{N+4})\right) - \hat{p}_l\\
&\tilde{p}_{\underline{(\alpha)}} = \hat{p}_{\underline{(\alpha)}} - \tilde{p}_{(\alpha)} \qquad \alpha = i, k, l\\
&\text{Für alle anderen Parameter gilt } \tilde{p} = \hat{p}.
\end{aligned}\right\} \quad (62)$$

Die Bestimmungsgleichungen für die Schätzwerte der Parameter α, (α), $\underline{(\alpha)}$ (α = i, k, l) sind gekoppelt. Die Komponenten der D-Matrix dieses Gleichungssystems lauten

$$\begin{aligned}
D_{\alpha\alpha} &= D_{\alpha\underline{(\alpha)}} = -D_{\alpha(\alpha)} = \frac{1}{N\cdot n}\\
-D_{(\alpha)\underline{(\alpha)}} &= +D_{(\alpha)(\alpha)} = \frac{1}{N\cdot n} + \frac{1}{4\cdot q}\\
D_{\underline{(\alpha)}\underline{(\alpha)}} &= \frac{2}{n\cdot N} + \frac{1}{4\cdot q}
\end{aligned} \qquad (63)$$

Ferner gilt für die Reststreuung

$$\tilde{S}_f^2 = \hat{S}_f^2 + \frac{Nn(Nn+4q)}{4q}(\tilde{p}_0 - \hat{p}_0)^2 \qquad (64)$$

4.2.4. Auswertung ungeplanter Versuche

Versuchsplanung ist nur möglich, wenn die Einflußgrößen einstellbar sind. Sind letztere z. B. Parameter der Mikro- oder Gefügestruktur von Werkstoffen, Konzentrationen von Spuren- und Begleitelementen in Werkstoffen, Gleichgewichtskonzentrationen chemischer Komponenten in reagierenden Systemen usw., so sind sie oft praktisch nicht oder nicht unabhängig voneinander einstellbar. In solchen Fällen, die in der Praxis häufig vorkommen, bereitet die empirische Ermittlung von Wirkungsflächen größere Schwierigkeiten. Da hier der „Versuchsplan" nicht mehr vorgebbar ist, sondern sich mehr oder weniger „einstellt", ist D im allgemeinen eine Nichtdiagonalmatrix. Das hat zur Folge, daß die Schätzwerte der Modellparameter miteinander korreliert sind (siehe (13)) und sich signifikante Effekte bei einer Abänderung des Modells der Wirkungsfläche, z. B. durch Berücksichtigung neuer Effekte, total ändern können. Damit ergeben sich für die Interpretation von Effekten Probleme. Wir betrachten die Situation etwas genauer. Für das Modell der Wirkungsfläche sei irgendeine Menge von M zulässigen Funktionen $f_l(\mathcal{X})$ ($l = 0, 1, 2, \ldots M-1$) ausgewählt worden, d. h. wir suchen die Wirkungsfläche in der Form einer beliebigen Linearkombination von K Elementen dieser Menge. Die Aufgabe besteht dann darin, diejenige Linearkombination zu finden, für die die empirische Reststreuung $\tilde{S}_f^2$ minimal wird. Die Zahl Z möglicher Linearkombinationen beträgt $Z = \binom{M}{K}$ und liegt meist über der Anzahl der mit sinnvollem Aufwand durchzuspielenden Möglichkeiten. Die Zahl der Einflußgrößen sei z. B. $R = 6$ und die Funktionsklasse umfasse alle Polynome bis zur 2. Ordnung (quadratisches Modell der Wirkungsfläche), d. h. $M = (R+1)\,(R+2)/2 = 28$. Wenn wir noch annehmen, daß ein brauchbares Modell der Wirkungsfläche nicht mehr als $K = 10$ signifikante Parameter enthalten sollte, wird $Z = \binom{28}{10} = 13\,123\,110$. Wenn wir das Regressionsproblem für ein M-parametriges Modell (d. h. M gekoppelte, lineare Gleichungen) rechentechnisch lösen könnten, wäre das gewünschte Modell durch systematische Reduktion (Abschnitt 4.2.1.) zu ermitteln. Ist jedoch das Regressionsproblem nur für maximal $M-n$ Parameter rechentechnisch lösbar, ergeben sich $\binom{M}{M-n} = \binom{M}{n}$ mögliche Regressionsmodelle, die durchzuspielen wären. Für $n = 2$ ergäben sich im obigen Beispiel bereits 378 Möglichkeiten. Ein Ausweg aus diesem Dilemma, der in der Regel, wenn auch nicht mit Sicherheit, jedoch mit wesentlich weniger Rechenaufwand zum Ziel führt, ergibt sich aus der Konstruktion von in Bezug auf den Versuchsplan orthogonalen Regressionsfunktionen und ist in Abschnitt 7.3. des Anhanges beschrieben. Dabei wird auf verschiedene Auswahlprinzipien zur Konstruktion mathematischer Modelle von Wirkungsflächen aufgrund empirischer Daten durch rechnerisches Experimentieren eingegangen.

5. Ein Beispiel

Im folgenden sei die Vorgehensweise bei der Versuchsplanung und -auswertung noch einmal anhand eines konstruierten Beispiels zusammenfassend in ihrer praktischen Handhabung dargestellt: Dabei wird zugleich die Anwendung der wichtigsten, in den voranstehenden Abschnitten zusammengestellten Hilfsmittel demonstriert. Die Aufgabe bestehe in der Ermittlung der Abhängigkeit einer Zielgröße Z von 3 Einflußgrößen, die als „scharf" angesehen werden können. Der dem Experimentator unbekannte, wahre Zusammenhang sei

$$\eta = E\,Z = 10 + 2x^1 + 3x^2 + 3x^3x^3 \qquad (a)$$

und werde durch einen normalverteilten (Varianz $\sigma^2 = 1$) Zufallsprozeß gestört, der mit Hilfe normalverteilter Zufallszahlen simuliert wird.

Ohne a priori Kenntnisse über die Wirkungsfläche ist versuchsweise mit dem einfachsten Modell eines linearen Zusammenhanges zu beginnen, also mit folgenden Ansatz:

$$\eta = p_0 + p_1x^1 + p_2x^2 + p_3x^3, \qquad K = 4 \qquad (b)$$

Aus 4.1.1. entnehmen wir für den Fall R = 3 den Versuchsplan. Da die Zahl der Versuchspunkte gleich der Zahl der zu bestimmenden Modellparameter ist und der Versuchsplan $n_i = n = \text{const}$ vorschreibt, wäre eine Varianzanalyse nicht möglich. Deshalb fügen wir zum angegebenen Versuchsplan den Zentralpunkt (0, 0, 0) hinzu, den wir etwa 3fach besetzen wollen (m = 3). Wenn noch, im Interesse einer geringen Versuchszahl, n = 1 gesetzt wird, ergibt sich der VP:

Nr.	n	x^1	x^2	x^3	z	$\bar{z}$
1	1	+	+	+	17.1	17.1
2	1	+	–	–	12.7	12.7
3	1	–	+	–	14.2	14.2
4	1	–	–	+	5.9	5.9
5	3	0	0	0	9.3	10.1
					10.8	
					10.2	

$D_{00} = 1/7$

$D_{11} = D_{22} = D_{33} = 1/4$

$D_{kl} = 0$ bei $k \neq l$ (c)

in den gleich die „experimentellen" Ergebnisse eingetragen sind. Nach (36) berechnen wir zunächst die Hilfsgrößen

$$Z_0 = 80.2, \quad Z_1 = 9.7, \quad Z_2 = 12.7 \quad Z_3 = -3.9$$

und hieraus mit Hilfe der in (c) angegebenen D-Matrix

$$\hat{p}_0 = 11.457, \; \hat{p}_1 = 2.425, \; \hat{p}_2 = 3.175, \; \hat{p}_3 = -0.975 \qquad \text{(d)}$$

Nach (17) berechnen sich die Größen

$$\begin{aligned} \hat{S}_s^2 &= 0.8^2 + 0.7^2 + 0.1^2 = 1.14 \\ \hat{S}_f^2 &= 996.18 - 986.51 = 9.67 \end{aligned} \qquad \text{(e)}$$

und hiermit nach (30) die Prüfgröße für den Test auf Modelladäquatheit

$$F = \frac{7-5}{5-4} \frac{\hat{S}_f^2}{\hat{S}_s^2} = 17.0, \qquad m_1 = 1, \; m_2 = 2 \qquad \text{(f)}$$

Aus der Tabelle in Abschnitt 7.4. ergibt sich für $\alpha = 10\,\%$ der Wert $F_c = 8.53$. Wegen $F > F_c$ ist die Hypothese der Modelladäquatheit abzulehnen. Das Irrtumsrisiko beträgt dabei 10 %. Wenn wir das Risiko auf 5 % herabsetzen wollen ($F_c = 18.5$) können wir die Hypothese allerdings nicht mehr verwerfen, d. h. die vorliegenden Versuchsdaten reichen nicht aus, um die Nichtadäquatheit des Modellansatzes (b) mit der entsprechend hohen Sicherheit nachzuweisen.

Wir könnten jetzt etwa prüfen, ob signifikante quadratische Effekte vorliegen. Zu diesem Zwecke heben wir die Vermengung des Effektes p_0 mit den quadratischen Termen auf

$$p_0 \to p_0 + p_{NN} \left\{ \begin{matrix} x^1 x^1 \\ x^2 x^2 \\ x^3 x^3 \end{matrix} \right\} \qquad \text{(g)}$$

und berechnen nach (44) die neuen Schätzwerte

$$\hat{p}_0 = 10.1, \qquad \hat{p}_{NN} = 2.375 \qquad \text{(h)}$$

Da jetzt die Zahl $K = 5$ der Modellparameter gleich der Anzahl der Testpunkte ist, muß trivialerweise $\hat{S}_f^2 = 0$ sein, und wir können versuchen, das Modell der Wirkungsfläche zu vereinfachen. Nach dem Verfahren der Modellreduktion (Abschnitt 4.2.1.) setzen wir zunächst den Parameter mit dem betragsmäßig kleinsten Schätzwert Null, d. h. $p_3 = 0$. Nach (54), (55) berechnet sich ($r = 1$, $\alpha = 3$)

$$\tilde{S}_1^2 = 4\hat{p}_3^2 = 3.80, \qquad F = \frac{2}{1} \frac{\tilde{S}_1^2}{\hat{S}_s^2} = 6.67 \qquad \text{(i)}$$

Aus der Tabelle folgt für $F_c(\alpha = 10\,\%, m_1 = 1, m_2 = 2) = 8.53$, d. h. die Hypothese $p_3 = 0$ kann akzeptiert werden.

Analog können wir die Signifikanz der Parameter p_1, p_2 und p_{NN} prüfen. Es ergeben sich folgende Werte der Prüfgröße:

$$F_{(1)} = 41.3, \quad F_{(2)} = 71.6, \quad F_{(NN)} = 17.0 \tag{j}$$

Alle Parameter sind also mit $1 - \alpha = 90\,\%$ signifikant (Tabellenwert $F_c = 8.53$). (Bei Verringerung des Irrtumsrisikos auf 5 % (Tabellenwert $F_c = 18.5$) kann der vermengte quadratische Effekt nicht als gesichert angesehen werden.)

Damit läßt sich

$$\eta = p_0 + p_{NN} \left\{ \begin{matrix} x^1 x^1 \\ x^2 x^2 \\ x^3 x^3 \end{matrix} \right\} + p_1 x^1 + p_2 x^2 \tag{k}$$

als ein adäquates Modell des Wirkungszusammenhanges ansehen. Der Schätzwert der Gesamtvarianz ergibt sich nach (56) zu $\tilde{\sigma}^2 = 1.65$.

Zur Auflösung des quadratischen Effektes in (k) könnten nach 4.1.3. ergänzende Zusatzexperimente durchgeführt werden. Wenn z. B. zu vermuten ist, daß der quadratische Term als $x^3 x^3$ interpretierbar ist, dann sind entsprechend der Aufspaltung

$$p_{NN} \left\{ \begin{matrix} x^1 x^1 \\ x^2 x^2 \\ x^3 x^3 \end{matrix} \right\} \rightarrow p_3' \, x^3 x^3 + p_{NN}' \left\{ \begin{matrix} x^1 x^1 \\ x^2 x^2 \end{matrix} \right\} \tag{l}$$

die Zusatzversuche

Nr.	n	x^1	x^2	x^3	z
6	1	0	0	+	13.8
7	1	0	0	–	12.9

(m)

anzusetzen, deren simulierte Ergebnisse gleich mit angegeben sind.
Nach (47) berechnen wir hieraus

$$\tilde{p}_3' = 3.250, \quad \tilde{p}_{NN}' = -0.875, \quad \tilde{p}_3 = -0.500 \tag{n}$$

Damit ist die vermutete Interpretation bestätigt. Aus (50), (51) folgt noch

$$\begin{aligned} &\tilde{S}_f^2 = \hat{S}_f^2 + 12(\tilde{p}_3 - \hat{p}_3)^2 = 0 + 2.71 = 2.71, \quad \tilde{S}_s^2 = \hat{S}_s^2 = 1.14 \\ &\tilde{S}^2 = 3.85 \end{aligned} \tag{o}$$

Wir prüfen abschließend noch die Hypothese H: $p_{NN}' = p_3 = 0$, d. h. die Adäquatheit des Modells

$$z = p_0 + p_3' x^3 x^3 + p_1 x^1 + p_2 x^2 \qquad \text{(p)}$$

und wollen den in 3.3.2. angegebenen Formalismus anwenden. Nach (28) ist zunächst die Matrix (v^{-1}) zu berechnen:

$$v^{NN',NN'} = D_{NN',NN'}, \quad v^{33} = D_{33}, \quad v^{3,NN'} = D_{3,NN'}$$

Aus (48) und (49) folgt mit $q = 1$

$$D_{NN',NN'} = \frac{3}{4}, \quad D_{33} = \frac{1}{6}, \quad D_{3,NN'} = 0$$

Damit wird

$$(v^{-1})^{NN',NN'} = \frac{4}{3}, \quad (v^{-1})^{33} = 6, \quad (v^{-1})^{3,NN'} = 0$$

Wenn die bisher gewonnenen Schätzwerte der Modellparameter generell durch $\hat{p}$ bezeichnet werden:

$$\hat{p}_0 = 10.1,\ \hat{p}_1 = 2.425,\ \hat{p}_2 = 3.175,\ \hat{p}_3 = -0.5,\ \hat{p}_3' = 3.25, \quad \hat{p}_{NN}' = -0.875 \qquad \text{(q)}$$

folgt

$$\hat{p}_\beta (v^{-1})^{\beta\gamma}\ \hat{p}_\gamma = \frac{4}{3}\ \hat{p}_{NN}'^{2} + 6\ \hat{p}_3^2 = 2.521 \qquad \text{(r)}$$

Nach (28) ergibt sich jetzt die Prüfgröße

$$F = \frac{3}{2}\ \frac{2.521}{1.14} = 3.31 \qquad (m_1 = 2, \quad m_2 = 3)$$

Aus der Tabelle entnehmen wir, daß die Hypothese H akzeptabel ist (F_c = 5.46 für α = 10 %).

Nach der ersten Gleichung von (28) ist ferner

$$\tilde{p}_I = \hat{p}_I + \frac{3.5}{3}\ D_{I,NN'} + 3D_{I,3} \qquad \text{(s)}$$

und mit $D_{3,3'} = 0$, $D_{3',NN'} = -1/2$ (aus (48), (49)) ergibt sich

$$\tilde{p}_3' = \hat{p}_3' - \frac{3.5}{6} = 2.667 \qquad \text{(t)}$$

Aus (27) entnehmen wir in Verbindung mit (28) und (r) noch

$$\tilde{S}^2 = \hat{S}^2 + \hat{p}_\beta (v^{-1})^{\beta\gamma}\ \hat{p}_\gamma = 3.85 + 2.52 = 6.37 \qquad \text{(u)}$$

und schließlich aus (31)

$$\tilde{\sigma}^2 = \frac{\tilde{S}^2}{9-4} = 1.27 \qquad \text{(v)}$$

Die gleichen Ergebnisse wären auch durch direkte Berechnung und Adäquatheitsprüfung des Modells (p) zu erhalten gewesen.

Wenn noch nach (33) Konfidenzintervalle für $1 - \alpha = 90\,\%$ berechnet werden, folgt mit $D_{00} = 1/3$, $D_{11} = D_{22} = 1/4$, $D_{3'3'} = 1/2$:

$$p_0 = 10.1 \pm 1.3$$
$$p_1 = 2.4 \pm 1.1$$
$$p_2 = 3.2 \pm 1.1$$
$$p_3' = 2.7 \pm 1.6$$

Damit ist die „wahre" Wirkungsfläche (a) bestimmt worden.

Bei konventionellem Gedankengang hätten, bei unabhängiger Variation der 3 Einflußgrößen auf nur je 3 Niveaus, $3^3 = 27$ Versuchspunkte experimentell realisiert werden müssen. Das versuchsplanende Vorgehen benötigte hier 7 Versuchspunkte und reduzierte somit den experimentellen Aufwand auf fast ein Viertel.

6. Schlußbemerkungen

Zusammenfassend und verallgemeinernd kann die statistische Versuchsplanung und -auswertung (SVPA) etwa folgendermaßen charakterisiert werden:

SVPA ist *eine* Methode der theoretisch-mathematischen Durchdringung von Sachverhalten, die insbesondere bei komplexen Systemen zum Tragen kommt, die mit konventioneller Experimentierideologie nicht oder nicht rationell bearbeitbar sind. Sie ermöglicht:

- von vornherein die inhärente Komplexität der zu erforschenden Systeme zu berücksichtigen und zu analysieren,
- das Verhältnis von nutzbarem Informationsgewinn und experimentellem Aufwand zu erhöhen,
- mit kalkulierbarem Risiko Aussagen über Systemeigenschaften zu erhalten, die überschaubar und damit zugleich handhabbar (nutzbar) sind und eine empirisch fundierte wissenschaftliche Hypothesenbildung fördern.

SVPA ist nur möglich, wenn eine im Rahmen eines mathematischen Modells formulierte Hypothese zu prüfen ist. Die Hypothese kann auch das Modell (den Ansatz) als Ganzes betreffen. Präzisierung von Aufgabenstellungen ist im wesentlichen Annahme und Formulierung eines Modells und der zu prüfenden Hypothesen. Erst eine solcherart präzisierte Aufgabenstellung ist eine Anleitung zu exakt planbarem Handeln. Somit zwingt SVPA zur gründlichen geistigen Durchdringung des Forschungsgegenstandes (und der Fragestellungen) vor Beginn der experimentellen Arbeit.

Gegenstand der Versuchsplanung ist die Prüfung von Modellen der Realität. Versuchsanalysen liefern Aussagen über das Verhältnis der Wirklichkeit zu einem Modell und nicht etwa direkte Aussagen über die Wirklichkeit selbst.

Versuchsplanung als Modellfindung ist schöpferisch und nicht formalisierbar. Als Modellbehandlung und -analyse ist sie eine Technik und erlernbar.

Erfolgreiche Anwendung von SVPA setzt außer der Kenntnis der mathematisch-statistischen Theorie sachlich-inhaltliche Kenntnisse über das zu behandelnde Problem voraus und wird im allgemeinen praktisch durch enge und ständige Wechselwirkung von Sachexperten und Methodologen (die selten in Personalunion vorkommen), also durch echte Kollektivleistung ermöglicht. Sowohl unkritische Anwendung statistischer Methoden als auch ungenügende problemspezifische Sachkenntnis können zu Mißerfolgen führen. Das notwendige Verständnis oder „Gefühl" für ein Problem wird oft erst während der gemeinsamen Problembearbeitung allmählich gewonnen, weil im Grunde jedes Problem seine Besonderheiten hat, die durch beliebige Klassifikationsschemata nicht erfaßt werden können. Deshalb beruht erfolgreiche Anwendung der SVPA weniger auf einer mehr oder weniger fest umrissenen Technik als vielmehr auf einer allgemeinen geistigen Einstellung oder „Ideologie".

7. Anhang

7.1. Bestimmung von Modellparametern bei testpunktabhängiger Varianz der Zielgröße

Aus dem Maximum-Likelihood-Prinzip (z. B. [3], [9]) folgen als Bestimmungsgleichungen für die Schätzwerte $\hat{p}_l$ die Gleichungen (10), wobei jetzt die Informationsmatrix und die Hilfsgrößen Z_l folgendermaßen zu berechnen sind:

$$\widetilde{M}_{kl} = \sum_{i=1}^{N} \frac{1}{\sigma_i^2} f_k(\varkappa_i) f_l(\varkappa_i), \qquad \widetilde{Z}_l = \sum_{i=1}^{N} \frac{1}{\sigma_i^2} z_i f_l(\varkappa_i) \tag{A1}$$

Es erfolgt also eine Wichtung der Testpunkte entsprechend ihrer Zuverlässigkeit. Wenn die Umkehrmatrix von $\widetilde{M}$ mit $\widetilde{D}$ bezeichnet wird und $|\widetilde{D}|$ die Determinante von $\widetilde{D}$ bedeutet, ergibt sich die Wahrscheinlichkeitsdichte der Parameterschätzungen zu

$$w(\hat{p}) = \frac{1}{(2\pi)^{K/2}} \frac{1}{|\widetilde{D}|} \exp\left(-\frac{1}{2}(\hat{p}_l - p_l) M_{lk} (\hat{p}_k - p_k)\right) \tag{A2}$$

Hieraus folgt $E\,\hat{p}_l = p_l$ und als Kovarianzmatrix der Parameterschätzungen:

$$E(\hat{p}_l - p_l)(\hat{p}_k - p_k) = \widetilde{D}_{lk}. \tag{A3}$$

7.2. Bestimmung von Modellparametern bei stochastischen Einflußgrößen und linearer Wirkungsfläche

Das Modell der Wirkungsfläche sei

$$\eta = p_0 + p_1 \zeta^1 + p_2 \zeta^2 + \ldots + p_R \zeta^R. \tag{A4}$$

Die Einflußgrößen seien untereinander und mit der Zielgröße nicht statistisch korreliert. Die Varianzen der Zielgröße seien $\sigma_i^{(0)2}$, die der Einflußgrößen $\sigma_i^{(l)2}$, wobei eine Abhängigkeit vom Testpunkt (Nr. i) zugelassen sei. Die Zahl der Mehrfachmessungen der Zielgröße am i-ten Testpunkt werde mit $n_i^{(0)}$ bezeichnet, die der l-ten Einflußgröße mit $n_i^{(l)}$. Wenn wir Mittelwerte über diese Wiederholungen mit einem Querstrich kennzeichnen, ergibt sich aus dem Maximum-Likelihood-Prinzip folgendes Gleichungssystem für die Bestimmung der Schätzwerte der Modellparameter p_l (Summenkonvention für Summation von 0 bis R):

$$\widetilde{M}_{0l}\,\hat{p}_l = \widetilde{Z}_0$$

$$\widetilde{M}_{pl}\,\hat{p}_l - \widetilde{Z}_p = \hat{p}_p \sum_{i=1}^{N} \frac{\sigma_i^{(p)2}}{n_i^{(p)}\,\widetilde{\sigma}_i^4} (\bar{z}_i - \hat{p}_s\overline{x_i^s})^2 \quad (p = 1, 2, \ldots R) \qquad \text{(A5)}$$

mit

$$\widetilde{M}_{pl} = \sum_{i=1}^{N} \frac{1}{\widetilde{\sigma}_i^2} \overline{x_i^p}\,\overline{x_i^l}, \quad \widetilde{Z}_l = \sum_{i=1}^{N} \frac{1}{\widetilde{\sigma}_i^2} \bar{z}_i \overline{x_i^l}, \quad \overline{x_i^0} \equiv 1 \qquad \text{(A6)}$$

$$\widetilde{\sigma}_i^2 \equiv \frac{\sigma_i^{(0)2}}{n_i^{(0)}} + \frac{\sigma_i^{(1)2}}{n_i^{(1)}} \hat{p}_1^2 + \ldots + \frac{\sigma_i^{(R)2}}{n_i^{(R)}} \hat{p}_R^2. \qquad \text{(A7)}$$

(A5) ist ein kompliziertes, nichtlineares Gleichungssystem für die $\hat{p}_l$, das iterativ gelöst werden kann.

Sind alle Varianzen unabhängig vom Testpunkt und auch die Mehrfachbestimmungen testpunktunabhängig gewählt: $\sigma_i^{(l)} = \sigma_l$ $(l = 0, 1, 2, \ldots R)$, $n_i^{(l)} = n_l$ $(l = 0, 1, 2, \ldots R)$, so vereinfachen sich die Gleichungen (A5) wie folgt:

$$M_{0l}\hat{p}_l = Z_0, \quad M_{pl}\hat{p}_l - Z_p = \hat{p}_p \frac{\sigma_p^2}{n_p \widetilde{\sigma}^2} \hat{S}_F^2$$

mit

$$\hat{S}_F^2 = \sum_{i=1}^{N} (\bar{z}_i - \hat{p}_s\overline{x_i^s})^2, \quad \widetilde{M}_{pq} = \frac{1}{\widetilde{\sigma}^2} M_{pq}, \quad \widetilde{Z}_q = \frac{1}{\widetilde{\sigma}^2} Z_q \qquad \text{(A8)}$$

$$\widetilde{\sigma}^2 = \frac{\sigma_0^2}{n_0} + \frac{\sigma_1^2}{n_1} \hat{p}_1^2 + \ldots + \frac{\sigma_R^2}{n_R} \hat{p}_R^2$$

Die Quadratsumme $\hat{S}_F^2$ charakterisiert die Reststreuung. Bei $\hat{S}_F^2 \to 0$ gehen die Bestimmungsgleichungen für die Schätzwerte der Modellparameter in die Gleichungen (10) über. Für $\hat{S}_F^2 \neq 0$ können im Sinne einer Störungsrechnung die Korrekturen der Schätzwerte $\hat{p}_l$ gegenüber den für $\hat{S}_F^2 = 0$ erhaltenen „ungestörten" Werten bestimmt werden. Sofern

$$\hat{p}_r = \hat{p}_r^{(0)} + \delta\hat{p}_r, \quad \hat{p}_r^{(0)} = D_{rk} Z_k, \quad D_{rk} = M_{rk}^{-1} \qquad \text{(A9)}$$

ist, mit der „ungestörten" Lösung $\hat{p}_r^{(0)}$, so ergibt sich für die Korrektur in erster Näherung:

$$\delta\hat{p}_r = \hat{S}_F^{(0)2} \frac{1}{\widetilde{\sigma}^{(0)2}} D_{rs} (1 - \delta_{0s})\, \hat{p}_s^{(0)} \frac{\sigma_s^2}{n_s} \qquad \text{(A10)}$$

mit

$$\widetilde{\sigma}^{(0)2} = \frac{\sigma_0^2}{n_0} + \frac{\sigma_1^2}{n_1} \hat{p}_1^{(0)2} + \ldots + \frac{\sigma_R^2}{n_R} \hat{p}_R^{(0)2}$$

$$\hat{S}_F^{(0)2} = \sum_{i=1}^{N} (\bar{z}_i - \hat{p}_s^{(0)} \overline{x_i^s})^2$$

Mit Hilfe der Gleichungen (A10) können im allgemeinen auch bei nicht kleinen $\hat{S}_F^2$ wenigstens die Tendenzen dafür ermittelt werden, in welcher Richtung die durch übliche Regressionsrechnung ermittelten Parameterschätzungen durch Berücksichtigung der Streuung der Einflußgrößen abzuändern sind.

Für den Fall R = 1 gehen die Gleichungen (A8) über in

$$M_{00}\hat{p}_0 + M_{01}\hat{p}_1 = Z_0$$

$$\hat{p}_1^2 \frac{\sigma_1^2}{n_1} (M_{00}Z_1 - M_{01}Z_0) + \hat{p}_1 (\frac{\sigma_0^2}{n_0} (M_{00}M_{11} - M_{01}^2)$$
$$+ \frac{\sigma_1^2}{n_1} (Z_0^2 - M_{00} \sum_i z_i^2)) - \frac{\sigma_0^2}{n_0} (M_{00}Z_1 - M_{01}Z_0) = 0 \qquad \text{(A11)}$$

die elementar lösbar sind. Mit den Bezeichnungen

$$S_{xx} = \sum_{i=1}^{N} (\bar{x}_i - \bar{\bar{x}})^2, \quad S_{zz} = \sum_{i=1}^{N} (\bar{z}_i - \bar{\bar{z}})^2, \quad S_{xz} = \sum_{i=1}^{N} (\bar{z}_i - \bar{\bar{z}}) (\bar{x}_i - \bar{\bar{x}})$$

wobei $\bar{\bar{x}} = (\sum_i \bar{x}_i) / N$ und $\bar{\bar{z}} = (\sum_i \bar{z}_i) / N$ bedeuten, nimmt die 2. Gleichung von (A11) die symmetrische Form

$$\frac{\sigma_1^2}{n_1} (\hat{p}_1 S_{xz} - S_{zz}) = \frac{\sigma_0^2}{n_0} (\frac{1}{\hat{p}_1} S_{xz} - S_{xx})$$

an.

7.3. Regressionsanalyse mit orthogonalen Funktionen

Die Regressionsanalyse mit orthogonalen Funktionen ist ein Hilfsmittel zur mathematischen Modellbildung in Auswertung unübersichtlicher Datenmengen oder passiver Mehrfaktorenexperimente und kommt in solchen Situationen zur Anwendung, wo aktive Versuchsplanung nicht möglich ist. Sie geht von einem beliebigen, vom Anwender wählbaren Satz zulässiger Funktionen $f_l(\mathfrak{x})$, $l = 0, 1, \ldots M-1$ zur Modellierung der Wirkungsfläche aus. Letztere soll durch Linearkombination einiger f_l dargestellt werden. Die zur Konstruktion der Wirkungsfläche tatsächlich verwendeten Funktionen des zulässigen Satzes werden nun, bei fortgesetzter Orthogonalisierung, nach verschiedenen Prinzipien ausgewählt. Einige zweckmäßige Auswahlprinzipien sollen nun kurz beschrieben werden.

1. Auswahlprinzip: $\sigma_F^2 \rightarrow \text{Min}$ in jedem Schritt

Die Funktionen werden so ausgewählt, daß die Verminderung der empirischen Reststreuung σ_F^2 in jedem Schritt maximal wird. Das Verfahren wird abgebrochen, sobald ein adäquates Modell der Wirkungsfläche erzielt oder eine vorgegebene Anzahl von Funktionen ausgewählt wurde. Das Verfahren ist äquivalent einer Modellauswahl mittels partieller Korrelationskoeffizienten und soll seiner Idee nach aus einer Menge möglicher („verdächtiger" oder heuristisch angenommener) Effekte, beschrieben durch die Funktionen f_l, die signifikanten heraussuchen. Es führt mit einiger Wahrscheinlichkeit, jedoch nicht mit Sicherheit zum Ziel.

Eine Modifikation ergibt sich, wenn eine oder mehrere Funktionen des zulässigen Satzes „gesetzt", d. h. von vornherein für das Regressionsmodell vorgegeben werden. In der Praxis wird oft trivialerweise die Konstante $f_0 = 1$ in den Modellansatz aufzunehmen sein. In anderen Fällen können auf diese Weise theoretisch oder empirisch bekannte Effekte von vornherein berücksichtigt werden. Diese grundsätzliche Modifikationsmöglichkeit gilt natürlich auch für die anderen, noch zu besprechenden Auswahlprinzipien, worauf hier ein für allemal hingewiesen sei.

Das 1. Auswahlprinzip ist auf beste Modellanpassung gerichtet, ohne die Verläßlichkeit bzw. den Informationsgehalt (im informationstheoretischen Sinne) des gewonnenen Modells zu berücksichtigen. Qualitativ haben Regressionsansätze, deren Parameter aufgrund des vorliegenden „Versuchsplans"[1] nur unzuverlässig ermittelt werden können, einen niedrigeren Informationsgehalt als solche, deren Parameter (mit demselben Datensatz) genauer bestimmbar sind. Wenn daher als Auswahlprinzip nicht die Minimalisierung der Reststreuung, sondern die Maximalisierung des Informationsgewinns in jedem Schritt zugrunde gelegt wird, folgt ein

2. Auswahlprinzip: $\sigma_F^2 / |M|^{\frac{1}{k}} \rightarrow \text{Min}$ im k-ten Schritt

Dabei ist $|M|$ die Determinante der (im k-ten Schritt k-dimensionalen) Informationsmatrix, die bei jeder Regressionsanalyse ohnehin anfällt. Eine Modifikation ergibt sich durch Weglassen der k-ten Wurzel:

3. Auswahlprinzip: $\sigma_F^2 / |M| \rightarrow \text{Min}$ in jedem Schritt

Damit wird der Einfluß des „Versuchsplans" auf die Modellauswahl verstärkt. Das kann für manche Untersuchungen zweckmäßig sein. Die Auswahlprinzipien 2. und 3. sollten zu Modellen führen, für die der verwendete

1 „Versuchsplan" heißt hier immer die Gesamtheit der verwendeten Kombinationen von Einflußgrößen, gleichgültig, ob sie im eigentlichen Sinne geplant waren oder nicht.

Versuchsplan einigermaßen optimal ist. Der Vergleich der Modelle, die aus dem 1. Auswahlprinzip gewonnen werden mit denjenigen nach dem 2. bzw. 3. Prinzip erhaltenen liefert Hinweise auf den Einfluß des „Versuchsplans" auf die Modellauswahl, die bei Planung weiterer Experimente zweckmäßig zu berücksichtigen sind.

Der Einfluß des „Versuchsplans" geht in 2. und 3. über die Determinante $|D| = 1/|M|$ der D-Matrix ein. In Analogie zur optimalen Versuchsplanung läge die Formulierung eines Auswahlkriteriums mit Hilfe der Spur der D-Matrix nahe (A-optimale Versuchspläne). Es wäre jedoch rechentechnisch unbequem, da zwar die Determinante der D-Matrix bei der Ortogonalisierungsprozedur invariant bleibt, nicht jedoch ihre Spur. Diese Spur ist zwar im System der orthogonalisierten Funktionen leicht berechenbar, hat aber keinen invarianten Sinn. Zu zwei anderen invarianten Auswahlprinzipien kommen wir jedoch, wenn wir die Auswahl solcher Modelle, die (bezüglich des „Versuchsplans") stark miteinander korrelierte Funktionen f_l enthalten, unter Verwendung eines invarianten, globalen Abhängigkeitsmaßes behindern. Als ein solches Abhängigkeitsmaß ist die Determinante $|R|$ der Korrelationsmatrix R der im Modell vorkommenden Funktionen brauchbar. Es gilt $0 \leqslant |R| \leqslant 1$, und $|R|$ verschwindet mit wachsendem Korrelationsgrad. Die Größe $1 - |R|$ ist also so etwas wie ein globaler Korrelationsgrad. Die Korrelationskoeffizienten zwischen zwei beliebigen Funktionen des Satzes f_l sind natürlich nur definiert, wenn $f_0 = 1$ im Satz nicht vorkommt. Daraus ergibt sich das

4. Auswahlprinzip: $f_0 = 1$ wird „gesetzt", Auswahl der nächsten Funktion nach 1., 2. oder 3. Auswahlprinzip, dann $\sigma_F^2(1 - |R|) \to$ Min in jedem Schritt

Zur verschärften Berücksichtigung sehr großer Korrelationen bei der Modellauswahl kann das Prinzip wie folgt modifiziert werden:

5. Auswahlprinzip: $f_0 = 1$ wird „gesetzt", Auswahl der nächsten Funktion nach 1., 2. oder 3. Auswahlprinzip, dann $\sigma_F^2/|R| \to$ Min in jedem Schritt

Empirisch ist zunächst keines der angegebenen Auswahlkriterien allgemein zu bevorzugen. Die vergleichende Modellauswahl mit verschiedenen Kriterien (kombiniert mit sachspezifischen Argumenten) kann jedoch die richtige Modellauswahl und damit die Interpretation empirischer Daten erleichtern und absichern. Einige Hinweise soll das folgende Beispiel geben.

Nr.	n	x^1	x^2	x^3	x^4	x^5	z
1	1	–	–	–	–	+	–1
2	1	+	–	–	–	–	3
3	1	–	+	–	–	+	–13
4	1	+	+	–	–	+	1
5	1	–	–	+	–	–	5
6	1	+	–	+	–	–	–1
7	1	–	+	+	–	–	–7
8	1	+	+	+	–	+	–3
9	1	–	–	–	+	+	5
10	1	+	–	–	+	–	9
11	1	–	+	–	+	–	3
12	1	+	+	–	+	+	7
13	1	–	–	+	+	+	1
14	1	+	–	+	+	–	5
15	1	–	+	+	+	–	–1
16	1	+	+	+	+	+	3

Es liege der angegebene Versuchsplan mit 16 Versuchen bei 5 Einflußgrößen vor. Die Meßwerte der Zielgröße sind in der Spalte z aufgeführt. Die Wirkungsfläche soll durch ein Polynom 2. Grades approximiert werden. Da im vorliegenden Fall die quadratischen Effekte mit dem Null-Effekt vermengt sind (also nicht ermittelt werden können), ergeben sich die folgenden 16 zulässigen Funktionen:

$$1,\ x^1,\ x^2,\ x^3,\ x^4,\ x^5,\ x^1x^2,\ x^1x^3,\ x^1x^4,\ x^1x^5,$$

$$x^2x^3,\ x^2x^4,\ x^2x^5,\ x^3x^4,\ x^3x^5,\ x^4x^5.$$

In der folgenden Tabelle geben wir die nach den verschiedenen Auswahlkriterien ermittelten Reihenfolgen der ausgewählten Funktionen sowie die zugehörigen Modellparameter an. In allen Fällen wurde das Verfahren bis zu verschwindender Reststreuung geführt.

Auswahlprinzip									
1		2		3		4		5	
Fkt.	Par.	Fkt.	Par.	Fkt.	Par.	Fkt.	Par.	Fkt.	Par.
x^4	3	x^4	3	x^4	3	1	1	1	1
x^2	−6	x^2	−6	x^2	−6	x^4	3	x^4	3
x^1x^5	5	x^1	2	x^1	2	x^2	1	x^2	−6
x^1	2	x^1x^5	5	x^1x^2	0	x^3	−2	x^1	2
x^3	−2	x^3	−2	x^1x^3	0	x^1	2	x^1x^5	5
1	1	1	1	x^2x^4	0	x^1x^2	5	x^3	−2
				x^3x^4	0	x^5	−5		
				1	1				
				x^3	−2				
				x^1x^5	5				

Die mit (endgültigen) Modellparameterr $\neq 0$ ausgewählten Funktionen ergeben nach den Auswahlprinzipien 1, 2, 3 und 5 dasselbe Modell

$$\eta = 1 + 2x^1 - 6x^2 - 2x^3 + 3x^4 + 5x^1x^5,$$

während nach dem Auswahlprinzip 4 das Modell

$$\eta = 1 + 2x^1 + x^2 - 2x^3 + 3x^4 - 5x^5 + 5x^1x^2$$

entsteht. Gleichsetzen beider (gleich guter) Modelle führt auf die lineare Beziehung $x^2 - x^5 + x^1x^2 - x^1x^5 = 0$, die, wie ersichtlich, von allen Versuchspunkten des Versuchsplans erfüllt wird. Vermöge dieser Beziehung sind die beiden Modelle bezüglich des Versuchsplans äquivalent und nicht unterscheidbar. Durch zusätzliche Versuche, die diese Beziehung nicht erfüllen, kann z. B. entschieden werden, ob der Effekt x^1x^2 echt ist oder nur durch eine Wirkungskombination der Effekte x^2, x^5 und x^1x^5 vorgetäuscht wird. Daneben wird ersichtlich, daß ein von vornherein angesetztes 16-parametriges Regressionspolynom nicht lösbar gewesen wäre.

Ein Vergleich der Auswahlprinzipien 1, 2 und 3 ergibt, daß die Funktion x^1x^5, die bei Kriterium 1 unmittelbar nach x^2 ausgewählt wird, zunehmend nach unten verschoben wird, obgleich sie nach x^2 den stärksten Einfluß besitzt. Das deutet darauf hin, daß x^1x^5 mit x^2 und/oder x^4 relativ stark korreliert ist (im vorliegenden Versuchsplan). Das ist in der Tat der Fall: zwischen x^2 und x^1x^5 besteht eine Korrelation mit dem Korrelationskoeffizienten $r = 3/4$.

Nach dieser Beschreibung der verschiedenen Auswahlkriterien soll jetzt die algorithmische Verwirklichung derselben dargelegt werden. Dabei wird auf die Modifikation durch „Setzen" von Funktionen nicht eingegangen.

Gegeben sei ein System von M zulässigen Funktionen im Testraum: $f_0(\varkappa)$, $f_1(\varkappa)$, ... $f_{M-1}(\varkappa)$. Für zwei beliebige, im Testraum definierte Funktionen $g(\varkappa)$ und $h(\varkappa)$ sei

$$(g,h) \equiv \sum_{i=1}^{N} n_i g(\varkappa_i)\, h(\varkappa_i) \qquad \text{(A12)}$$

Mit dieser Abkürzung können also die Informationsmatrix M_{kl} und die Hilfsgrößen Z_k wie folgt dargestellt werden:

$$M_{kl} = (f_k, f_l), \qquad Z_k = (f_k, \bar{z}) \qquad \text{(A13)}$$

Im weiteren sei die Summationskonvention außer Kraft gesetzt. Aus der Menge der zugelassenen Funktionen f_l kann rekursiv wie folgt ein orthogonales Funktionensystem F_l erzeugt werden:

$$F_0 = f_0, \quad F_n = f_n - \sum_{m=0}^{n-1} \frac{(f_n, F_m)}{(F_m, F_m)} F_m \qquad (n = 1, 2, \ldots M-1) \qquad \text{(A14)}$$

Dabei gilt

$$(F_n, F_m) = (F_m, F_m)\, \delta_{nm}$$

$$(F_m, F_m) = (f_m, f_m) - \sum_{r=0}^{m-1} \frac{(f_m, F_r)^2}{(F_r, F_r)} \qquad \text{(A15)}$$

Wenn wir noch rekursiv die Hilfsgrößen

$$\widetilde{Z}_0 = Z_0, \quad \widetilde{Z}_n = Z_n - \sum_{m=0}^{n-1} \frac{(f_n, F_m)}{(F_m, F_m)} \widetilde{Z}_m \qquad (n = 1, 2, \ldots M-1) \qquad \text{(A16)}$$

definieren, berechnen sich die Schätzwerte $\hat{\mu}_l$ der Parameter μ_l des Regressionsmodells

$$\eta = \sum_{l=0}^{M-1} \mu_l F_l(\vec{\rho}) \qquad \text{(A17)}$$

zu

$$\hat{\mu}_l = \frac{\widetilde{Z}_l}{(F_l, F_l)} \qquad \hat{S}_f^2 = \sum_{i=1}^{N} n_i \bar{z}_i^2 - \sum_{l=0}^{M-1} \hat{\mu}_l \widetilde{Z}_l \qquad \text{(A18)}$$

1. Auswahlprinzip

Aus dem Dargelegten leitet sich folgender Algorithmus zur systematischen Bestimmung der signifikanten Parameter des Regressionsmodells (A17) ab:

I) – Setze

$$\tilde{Z}_i^{(0)} = Z_i, \quad g_{ii}^{(0)} = M_{ii} \ (i = 0, 1, \dots M-1); \quad N' = \sum_{i=1}^{N} n_i$$

– Berechne $C_i^{(0)} = \tilde{Z}_i^{(0)} / g_{ii}^{(0)}$ für i = 0, 1, ... M–1 sowie

$$Q = \sum_{i=1}^{N} n_i \bar{z}_i^2 \quad \text{und} \quad \hat{S}_s^2$$

(*) – Vergleiche die $C_i^{(0)}$. Numeriere die Funktionen $(f_0, f_1, \dots f_{M-1})$ so um daß $C_0^{(0)} = \text{Max}\,(C_i^{(0)})$

– Berechne $\hat{S}_f^{2(0)} = Q - C_0^{(0)}$; $\quad F = \dfrac{N'-N}{N-1} \dfrac{\hat{S}_f^{2(0)}}{\hat{S}_s^2}$

– Wenn $F > F_c(\alpha, m_1 = N-1, m_2 = N'-N)$ ist, setze n = 1 und gehe zu Punkt II), andernfalls STOP.

II) – Berechne für das geordnete Funktionensystem $(f_n, f_{n+1}, \dots, f_{M-1})$:

$$g_{n-1,i}^{(n-1)} = g_{n-1,i}^{(n-2)} - g_{n-2,n-1}^{(n-2)} \ g_{n-2,i}^{(n-2)} \ / \ g_{n-2,n-2}^{(n-2)}$$

$$g_{ii}^{(n)} = g_{ii}^{(n-1)} - (g_{n-1,i}^{(n-1)})^2 \ / \ g_{n-1,n-1}^{(n-1)} \qquad i = n, n+1, \dots M-1$$

$$\tilde{Z}_i^{(n)} = \tilde{Z}_i^{(n-1)} - g_{n-1,i}^{(n-1)} \cdot \tilde{Z}_{n-1}^{(n-1)} \ / \ g_{n-1,n-1}^{(n-1)}$$

$$C_i^{(n)} = (\tilde{Z}_i^{(n)})^2 \ / \ g_{ii}^{(n)}$$

(**) – Vergleiche die $C_i^{(n)}$. Numeriere die Funktionen $(f_n, f_{n+1}, \dots f_{M-1})$ so um, daß

$$C_n^{(n)} = \text{Max}\,(C_i^{(n)})$$

– Berechne

$$\hat{S}_f^{2(n)} = \hat{S}_f^{2(n-1)} - C_n^{(n)}; \qquad F = \frac{N'-N}{N-(n+1)} \frac{\hat{S}_f^{2(n)}}{\hat{S}_s^2}$$

– Prüfe

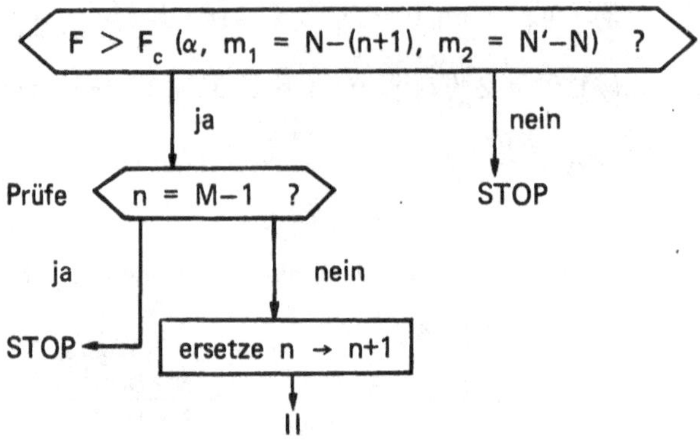

Das gesuchte, adäquate Regressionsmodell ist dann $\eta = \sum_{k=0}^{n} \hat{\mu}_k F_k$ wobei n der gerade aktuelle Wert ist, bevor STOP erreicht wird.

2. Auswahlprinzip

Die Schritte (*) und (**) sind zu ersetzen durch:

(*) – Berechne $\Delta_i^{(0)} = \frac{Q - C_i^{(0)}}{N-1} \cdot (g_{ii}^{(0)})^{-1}$. Numeriere die Funktionen $(f_0, f_1, \ldots f_{M-1})$ so um, daß $\Delta_0^{(0)} = \text{Min}\ \Delta_i^{(0)}$.

(**) – Berechne $\Delta_i^{(n)} = \frac{\hat{S}_f^{2\,(n-1)} - C_i^{(n)}}{N-1-n} \ (g_{ii}^{(n)})^{-\frac{1}{1+n}}$. Numeriere die Funktionen $(f_n, f_{n+1}, \ldots f_{M-1})$ so um, daß $\Delta_n^{(n)} = \text{Min}\ \Delta_i^{(n)}$.

3. Auswahlprinzip

Die Schritte (*) und (**) sind wie beim 2. Auswahlprinzip durchzuführen, wobei in der Definition der $\Delta_i^{(n)}$ die Ersetzung

$(g_{ii}^{(n)})^{-\frac{1}{1+n}} \to (g_{ii}^{(n)})^{-1}$ durchzuführen ist.

Für die Auswahlprinzipien 4 und 5 sei vorausgesetzt, daß $f_0 = 1$ ist.

4. Auswahlprinzip

Die Schritte (*) und (**) sind zu ersetzen durch:

(*) – entfällt

(**) – für n = 1: unverändert

für n > 1: Berechne

$$\Delta_i^{(n)} = (\hat{S}_f^{2\,(n-1)} - C_i^{(n)}) \quad (1 - \frac{g_{22}^{(2)}\, g_{33}^{(3)} \cdots g_{n-1,n-1}^{(n-1)}\, g_{ii}^{(n)}}{g_{22}^{(1)}\, g_{33}^{(1)} \cdots g_{n-1,n-1}^{(1)}\, g_{ii}^{(1)}}).$$

Numeriere die Funktionen $(f_n, f_{n+1}, \ldots f_{M-1})$ so um, daß $\Delta_n^{(n)} = \text{Min}\ \Delta_i^{(n)}$.

5. Auswahlprinzip

Die Schritte (*) und (**) sind zu ersetzen durch:

(*) – entfällt

(**) – für n = 1: unverändert

für n > 1: Berechne

$$\Delta_i^{(n)} = (\hat{S}_f^{2\,(n-1)} - C_i^{(n)}) \; \frac{g_{ii}^{(1)}}{g_{ii}^{(n)}}$$. Numeriere die Funktionen

$(f_n, f_{n+1}, \ldots f_{M-1})$ so um, daß $\Delta_n^{(n)} = \text{Min}\ \Delta_i^{(n)}$.

7.4. Tabellen zum F-Test

In der folgenden Tabelle sind einige für die Prüfung von Hypothesen über Modellparameter benötigte kritische F_c-Werte angegeben. Entsprechend den bei orientierenden technologischen Grundlagenuntersuchungen bzw. den im allgemeinen relativ großen Varianzen von Effekten in komplexen Systemen, geben wir Tabellenwerte für die Signifikanzniveaus 95 %, 90 % und 30 % an, die durch Staffelung voneinander unterschieden sind.

Für $m_1 > 6$, $m_2 > 6$ können die F_c-Werte nach folgenden Näherungsformeln berechnet werden:

$$\alpha = 5\,\%: \quad \lg F_c = \frac{1.429}{(a-0.95)^{1/2}} - 0.681\ b$$

$$\alpha = 10\,\%: \quad \lg F_c = \frac{1.113}{(a-0.77)^{1/2}} - 0.527\ b$$

$$\alpha = 30\,\%: \quad \lg F_c = \frac{0.456}{(a-0.55)^{1/2}} - 0.329\ b$$

$$a = 2\,\frac{m_1 \cdot m_2}{m_1 + m_2}$$

$$b = \frac{1}{m_1} - \frac{1}{m_2}$$

m_2 \ m_1	1	2	3	4	5	6
1	161 39.9 3.85	200 49.5 5.00	216 53.6 5.56	225 55.8 5.83	230 57.2 6.00	234 58.2 6.12
2	18.5 8.53 1.92	19.0 9.00 2.33	19.2 9.16 2.47	19.2 9.24 2.56	19.3 9.29 2.61	19.3 9.33 2.64
3	10.1 5.54 1.56	9.55 5.46 1.85	9.28 5.39 1.94	9.12 5.34 1.99	9.01 5.31 2.01	8.94 5.28 2.03
4	7.71 4.54 1.42	6.94 4.32 1.65	6.59 4.19 1.72	6.39 4.11 1.75	6.26 4.05 1.77	6.16 4.01 1.78
5	6.61 4.06 1.34	5.79 3.78 1.55	5.41 3.62 1.6	5.19 3.52 1.63	5.05 3.45 1.64	4.95 3.40 1.65
6	5.99 3.78 1.29	5.14 3.46 1.48	4.76 3.29 1.53	4.53 3.18 1.55	4.39 3.11 1.56	4.28 3.05 1.57
7	5.59 3.78 1.29	4.74 3.26 1.44	4.35 3.07 1.48	4.12 2.96 1.50	3.97 2.88 1.51	3.87 2.83 1.51
8	5.32 3.46 1.23	4.46 3.11 1.40	4.07 2.92 1.45	3.84 2.81 1.46	3.69 2.73 1.47	3.58 2.67 1.47
9	5.12 3.36 1.21	4.26 3.01 1.38	3.86 2.81 1.42	3.63 2.69 1.43	3.48 2.61 1.44	3.37 2.55 1.44
10	4.96 3.28 1.20	4.10 2.92 1.36	3.71 2.73 1.40	3.48 2.61 1.41	3.33 2.52 1.41	3.22 2.46 1.41
20	4.35 2.97 1.13	3.49 2.59 1.28	3.10 2.38 1.31	2.87 2.25 1.31	2.71 2.16 1.31	2.60 2.09 1.31
30	4.17 2.88 1.17	3.32 2.49 1.25	2.92 2.28 1.28	2.69 2.14 1.28	2.53 2.05 1.28	2.42 1.98 1.27

1. Zeile α = 5 %
2. Zeile α = 10 %
3. Zeile α = 30 %

8. Literatur

[1] Härtler, G., Versuchsplanung und statistische Datenanalyse, Schriftenreihe „Beiträge zur Forschungstechnologie" Nr. 4, Akademie-Verlag, Berlin 1976

[2] В. В. Налимов, Теория эксперимента, изд. Наука, Москва 1971

Nalimov, V. V., Theorie des Experiments, Deutscher Landwirtschaftsverlag, Berlin 1975

[3] Bandemer, H./Bellmann, A./Jung, W./Richter, K., Optimale Versuchsplanung, Akademie-Verlag, Berlin 1973

[4] Scheffler, E., Einführung in die Praxis der statistischen Versuchsplanung, VEB Deutscher Verlag für Grundstoffindustrie, Leipzig 1974

[5] Hartmann, K./Lezki, E./Schäfer, W., Statistische Versuchsplanung in der Stoffwirtschaft, VEB Deutscher Verlag für Grundstoffindustrie, Leipzig 1974

[6] Brillouin, L., Science and Information Theory, Academic Press Inc., London 1962

[7] В. В. Феодоров, Теория оптимального эксперимента, изд. Наука, Москва 1971

[8] Plackett, R. L./Burman, J. P., The design of optimum multifactorial experiments, Biometrica 33, 305 (1946)

[9] Н. П. Клепиков, С. Н. Соколов, Анализ и планирование экспериментов методом максимума правдоподобия, изд. Наука, Москва 1964

Klepikov, N. P./Sokolov, S. N., Analysis and planning of experiments by the method of maximum likelihood, 3. Sonderband der Fortschritte der Physik, Akademie-Verlag, Berlin 1961

9. Personenregister

Die *kursiv* gedruckten Seitenzahlen verweisen auf die entsprechenden Stellen im Literaturverzeichnis.

10. Sachregister

11. Zusammenfassung

Die Methoden der Versuchsplanung und statistischen Datenanalyse sind ein wichtiges Hilfsmittel zur Effektivitätssteigerung der experimentellen Forschung in Naturwissenschaft und Technik. Sie ermöglichen die rationelle empirische Ermittlung komplexer Wirkungszusammenhänge und ihre Darstellung durch mathematische Modelle. Damit werden mit kalkulierbarem Risiko überschaubare Aussagen über Systemeigenschaften erhalten, die einerseits direkt praktisch nutzbar sind und andrerseits die empirisch fundierte wissenschaftliche Hypothesenbildung in theoretisch noch unzureichend durchdrungenen Forschungsgebieten fördern können. Diese Arbeit will durch die anwendungsorientierte Darstellung einiger praktischer, vielseitig verwendbarer Konzepte einen Beitrag zur breiteren Durchsetzung der statistischen Versuchsplanung in der Forschungspraxis liefern.

11. Summary

Design of experiments and statistical data analysis are important means by which the efficiency of experimental research in natural and technical sciences can be improved. By these methods complex interrelations can be effectively traced out empirically and represented by mathematical models. Thereby, concise statements on system properties are obtained with calculable risk, which, on the one hand, can be directly utilized in practice and, on the other hand, may advance empirically founded scientific hypotheses in areas which are still insufficiently explored theoretically. Representing some useful and versatile concepts in an application-oriented manner, this booklet is intended to provide a practical contribution to a broader application of the design of experiments in research.

11. Резюме

Метод планирования эксперимента и статистическая обработка данных являются важным средством повышения эффективности экспериментальных исследований в науке и технике. С их помошью возможно как рациональное эмпирическое отискание сложных зависимостей, так и их интерпретация посредством математических моделей. Такой подход позволяет с рассчитываемым риском сделать наглядные выводы о свойствах системы, которые с одной стороны могут иметь практическое значение, а с другой стороны способствовать нахождению эмпирически основанных гипотез в теоретически недостаточно исследованных областях. Настоящая работа ставит себе целью с помощью ориентированного на практику изложения материала в форме разносторонне применимых концепций способствовать более широкому проникновению описанного метода планирования эксперимента в практику научной работы.

Bisher erschienen

HEFT 1 G. O. MÜLLER

Stand und Trends der Experimentalmethodik in der Festkörperphysik

1975. XII. 68 S. — 16 Abb. — 8° — M 12,50.
Bestell-Nr. 762 002 0 (2167/1) (vergriffen).

HEFT 2 W. SCHULZE

Wissenschaftliche Forschung und elektronische Rechentechnik

1975. XII. 140 S. — 7 Abb. — 6 Tab. — 8° — M 15,—.
Bestell-Nr. 762 003 9 (2167/2).

HEFT 3 G. ETZOLD

Aufgaben und Organisation eines methodischen Zentrums in der molekularbiologischen Forschung

1976. IX. 53 S. — 2 Abb. — 8° — M 6,—.
Bestell-Nr. 762 004 7 (2167/3).

HEFT 4 G. HÄRTLER

Versuchsplanung und statistische Datenanalyse

1976. XIII. 103 S. — 6 Abb. — 3 Tab. — 8° — M 12,—.
Bestell-Nr. 762 296 6 (2167/4).

HEFT 5 W. MEILING

Mikroprozessor — Mikrorechner. Funktion und Anwendung (2. Auflage)

1979. XIV. 215 S. — 46 Abb. — 15 Tab. — 8° — M 21,—.
Bestell-Nr. 762 639 3 (2167/5).

HEFT 6 M. BONITZ

Wissenschaftliche Forschung und wissenschaftliche Information

1979. XII. 199 S. — 32 Abb. — 6 Tab. — 8° — M. 21,—.
Bestell-Nr. 762 763 6 (2167/6).

SONDERBAND 1

Forschen und Nutzen

Wilhelm Ostwald zur wissenschaftlichen Arbeit

Aus seinen Schriften ausgewählt, bearbeitet und zusammengestellt anläßlich seines 125. Geburtstages von
GÜNTHER LOTZ, LOTHAR DUNSCH, UTA KRING

Mit einem Geleitwort von PETER ADOLF THIESSEN und einer Einführung von GÜNTHER LOTZ und LOTHAR DUNSCH

1978. XLVIII. 278 S. — 22 Textillustrationen aus den Originalschriften, 33 Abb., davon 5 mehrfarbige, auf 28 Kunstdrucktafeln — 8° — Leinen. 38,—. Bestell-Nr. 762 679 9 (6535).

In Vorbereitung

R. POSE
Rechnergestützte Bildverarbeitung —
Erkenntnisse und Erfahrungen aus der Hochenergiephysik

R. FRANKE
Optimierungsmethoden in der Wirkstofforschung —
Quantitative Struktur-Wirkungs-Analyse
Sonderband

P. L. KAPICA
Experiment — Theorie — Praxis
Übersetzung aus dem Russischen
Bearbeitung G. LOTZ und CH. WINTERSTEIN
Sonderband

Forschen und Nutzen
Wilhelm Ostwald zur wissenschaftlichen Arbeit
2., erweiterte Auflage (genaue Angaben vgl. unter „Bisher erschienen")
Sonderband

Die Schriftenreihe erscheint in zwangloser Folge

FSC
www.fsc.org
MIX
Papier | Fördert
gute Waldnutzung
FSC® C083411

Kolibri 360 GmbH
Ferdinand-Jühlke-Straße 7
99095 Erfurt, Deutschland
produktsicherheit@kolibri360.de